「集合と位相」をなぜ学ぶのか

Why Set Theory? Why Topology?

数学の基礎として根づくまでの歴史
historical account for basic notions of mathematics

藤田博司
Hiroshi Fujita

技術評論社

はじめに

集合と位相という名の因果な科目

　大学で数理科学系の学科に進むと，早い段階で「集合と位相」という科目に出会います．たいていの場合，事実上の必修科目扱いになっていることでしょう．この科目は，学ぶ学生にとって，高校までで学ぶ数学と大学の専門的な数学との大きなギャップを象徴するかのような，抽象的でわかりづらい科目といわれ，評判がよくありません．

　このわかりづらさには理由があります．

　「集合と位相」は，現代の数学が理論的に整理される過程で抽出されてきた，いろいろな分野に共通の基礎事項をまとめた科目なのです．基礎の部分だけを取り出して独立の科目としたのは，合理的な判断とはいえますが，なにしろ，現代数学の百花繚乱の庭園に歩み入るのをしばらくオアズケにして，まだ数学のどの分野でもない基礎事項の話をするのですから，面白くありません．となると，関心を持続させるのがまず大変です．

　そこで，蛇足ですが，早く面白い数学をやりたい，という人は，授業で習うのを待っていないで，自分で選んだ専門書を興味に任せてどんどん読んでみるべきです．途中でもうさっぱりわからん，となるかもしれません（たぶんそうなるでしょう）が，それでいいのです．ぎりぎり進めるところまで進んでください．取り組んだ分だけは力量がついているはずです．それに，そのほうが，基礎事項の意味や意義がかえってよく理解できる場合だってあります．

　それに，いろいろな分野に共通の基礎科目という性質上，「集合と位相」では，いわば「まっさら」「まっ白け」の，一般的・抽象的な概念が頻出します．何か新しい概念を学ぶときには，例をあげて説明することがとても大切なのですが，最初の専門科目という性質上，それがなかなか難しい．

　ですから，教える側にしてみれば，教材を厳選し受講者の興味を引き出しつつ上手に説明する手腕を，ことさらに問われるのがこの「集合と位相」という科目です．

それに対してこの本は…

　さて，本書はこの「集合と位相」という科目の，教科書ではありません．これから専門的な数学を学ぼうという人たちに「集合と位相」で講じられる内容を理解する手がかりを提供するために，本来なら授業に盛り込まれるべき「周辺の話題」「余談」「脱線」といったものを集めた本になっています．そのため本書には，「集合と位相」から大きくはみ出した話題が多く含まれています．標準的な「集合と位相」のコース内容を網羅しているわけでもありません．たとえば「距離空間」と「位相空間」についてはほとんど触れずに実数直線や平面の点集合に話を限定していますし，順序関係や同値関係についての一般論もありません．

　その代わりに本書では「集合と位相」の基本的アイデアが生まれてきた経緯，そして集合や位相の考え方が数理科学における必須の知識とされるに至った経緯といった，歴史的な事情の説明にもっとも力を入れています．19世紀初頭に熱伝導現象の解析のために考え出されたフーリエ級数の方法が，それまでの解析学の基礎づけに変更を迫り，それに答える形で，実数の理論が整備され，無限を扱う数学が生まれた．実数の性質を集合の考え方を用いて調べることから，位相に関する考察の重要性が理解されるようになった．いろいろの数学的概念が集合と位相の言葉で表現されるようになった結果，現代の数学にとって「集合と位相」の知識は，古代の幾何学にとっての定規とコンパス，小学生にとっての掛け算九九と同様の，基本的なスキルというべきものになっている．そういうストーリーを読み取っていただきたいと思っております．

　集合論の創始者ゲオルク・カントールの著作集の序文に，編者のツェルメロは「ひとりの学者の頭脳からひとつの理論が完成された形で飛び出してくるなんてことは，数学においては，まず滅多に起こらない」と書いています．そのときツェルメロがいいたかったのは，カントールの集合論はその珍しい例外だ，ということでしたが，わたくしたちが学ぶ「集合と位相」の内容は，やはり，現代の数学が形成される過程で，多くの人の努力が集積したもの，たくさんの貢献が積分されたものです．こうした数学の発展の過程について知ることで，無味乾燥で面白くないといわれがちな「集合と位相」に生命を吹き込むことができないかと，わたくしは考えました．しかしながら，その意図が達成できたかどうかは，読者のみなさんが判断なさることです．

　本書は，ある年の初夏に，わたくしが「自分なりの集合論の教科書を書くべきかもしれないなあ」と思っていたちょうどその時に技術評論社編集部の佐藤丈樹

さんから舞い込んだ一通のメールの,「自分にも読み通せる集合と位相の本を書いてほしい」という呼びかけに答える形で書かれました.数学の理論にストーリー性を求めすぎるわたくしの悪癖のせいで,教科書にはなりませんでしたけれど,グータラなわたくしを叱咤激励しつつ根気よく原稿の完成を待ってくださった佐藤さんに,この場を借りてお礼を申し上げます.佐藤さん,ずいぶん長いことお待たせしてすみません.

contents 目次

chapter 1　フーリエ級数と「任意の関数」……… 007
- 1.1　フーリエの時代 ……… 007
- 1.2　熱伝導方程式とフーリエ級数 ……… 009
- 1.3　フーリエ級数の実例 ……… 014
- 1.4　フーリエの理論の問題点 ……… 021

chapter 2　積分の再定義 ……… 026
- 2.1　式としての関数：18 世紀まで ……… 026
- 2.2　ディリクレの定理 ……… 030
- 2.3　リーマン積分 ……… 036
- 2.4　積分可能性をめぐる混乱 ……… 043

chapter 3　実数直線と点集合 ……… 048
- 3.1　点集合 ……… 049
- 3.2　実数の連続性の 3 つの表現 ……… 061
- 3.3　実数は可算でない ……… 068

chapter 4　平面と直線は同じ大きさ？ ……… 076
- 4.1　集合の用語と記号 ……… 076
- 4.2　集合とその濃度 ……… 090
- 4.3　数学の基礎としての集合論－デデキントの業績 ……… 104
- 4.4　直線と平面は同じ大きさ ……… 114

chapter 5　やっぱり平面と直線は違う　119

- 5.1　カントールの憂慮 　119
- 5.2　平面の点集合，点列の収束と ε-近傍 　120
- 5.3　写像の連続性 　125
- 5.4　内部と外部と境界 　133
- 5.5　閉包 　139
- 5.6　開集合と閉集合 　144
- 5.7　位相同型写像と同相な点集合 　146
- 5.8　連結性 　156
- 5.9　平面と直線は同相でない 　165
- 5.10　位相ということば 　170

chapter 6　ボレルの測度とルベーグの積分　171

- 6.1　新しい解析学 　171
- 6.2　測度 　174
- 6.3　ハイネ-ボレルの定理 　175
- 6.4　ルベーグと測度の問題 　179
- 6.5　可測関数とルベーグ積分 　183
- 6.6　ルベーグ積分の特長 　187
- 6.7　測度と確率論 　190

chapter 7　集合と位相はこうして数学の共通語になった　197

- 7.1　ユークリッドと2000年間の難問 　197
- 7.2　構造の研究としての数学 　207
- 7.3　まとめ：数学の共通語としての集合と位相 　217

索引 　222

chapter 1 フーリエ級数と「任意の関数」

1.1 フーリエの時代

　話は 18 世紀から 19 世紀への転換期のヨーロッパから始まります.

　1776 年の合衆国の独立宣言と 1789 年の第一次フランス革命によって, 啓蒙思想に導かれた国民国家が誕生します. 国民国家は国民ひとりひとりがみずからの自発的な意思で政治に参加することを（少なくとも建前として）要求し, そのために, 公教育の必要性が認識されるようになりました. 同じころ, 産業革命によって生産の機械化, 社会の工業化が急速に進展し, 産業の担い手たちに対する技術教育の必要性も高まってきました. そうした流れのなか, 大学などの教育機関で数学を広く教授する必要が出てきたわけです.

　すなわち, 哲学・思想の一環であった数学から, 日常生活を支える共通の知識としての数学や, 工業技術の基礎としての数学が生まれてきたのが, この 18 世紀末から 19 世紀前半という時代なのです.

　わたくしたちの多くにとって「むずかしい数学」の代表である微分・積分にしても, 17 世紀後半のヨーロッパで, 当時の自然哲学の新潮流である力学を支える数学的技法として始まり, 18 世紀を通じて発展してきたものですが, この微分・積分の理論がこんにち見られる形態を確立するにあたっては, 17 世紀の哲学者の書斎や 18 世紀の文化人のサロンを離れて, 19 世紀以降の大学で多くの学生に講じられるものとなったことが, 大きな役割を果たしています.「集合と位相」というわたくしたちのテーマも, こうした歴史の流れの果てに生まれてきたものですし, わたくしがいまこうやってこの原稿を執筆しているのも, 公教育の歴史の大河のひとしずくであるわけです.

　さて, 19 世紀初頭のヨーロッパでは, 産業革命にともなう技術的な要求とも関連して, 現実認識の数量化が進められ, 自然現象における量的変化の分析のための科学が求められていました. この「あたらしい科学」は, 自然現象を支配する法則を微分方程式という数式で把握し, さらにその微分方程式の解を求めるこ

とで，自然現象を数量的に把握しようとします．ですからそれは，少なくともその初期の段階では，数学と物理学が渾然一体となっていて，こんにちの「数理物理学」のようなものであったといえるでしょう．

そうしたあたらしい科学の一環として，熱伝導現象の数理的な分析に取り組んだのがフーリエでした．

> **人物紹介** ジャン・バティスト・ジョゼフ・フーリエ (1768-1830)

ジャン・バティスト・ジョゼフ・フーリエは，フランス王政時代の末期，ブルゴーニュ地方の町オセールに生まれました．幼くして両親と死に別れて教会の孤児院で育ち，僧職につくため修道院に入ったのですが，数学の勉強がしたくて，ほどなく脱退します．21歳のときにフランス革命が勃発すると，血気盛んで才気煥発なフーリエは郷里の革命委員会のメンバーとなって，市会議員兼市役所職員のような役割を担って活動します．ロベスピエールの恐怖政治のさなか，ある事件に巻き込まれて投獄され，断頭台送りを覚悟していたフーリエですが，先にロベスピエールのほうが断頭台送りになって一命をとりとめると，時のフランス科学界の大立者ラグランジュに見出され，その助手として1795年にパリのエコール・ポリテクニクに就職します．それからは，ナポレオンのエジプト遠征に事務官として随行したり，県の長官になったり，ナポレオン没落のあおりを食って失脚しかけたり，国立科学アカデミーのボスになったりと，政治の場面でも活躍します．彼が熱伝導現象について研究したのは，ナポレオン直々の推薦でイゼール県長官として県都グルノーブルに赴任していた1804年から1807年ごろのことです．

1.2 熱伝導方程式とフーリエ級数

図1.1 長さ π の細い一様な棒

ここに細長い棒状の物体があったとします.

時刻 t における,左端から右に向って距離 x の位置での,この物体の温度を $u(x,t)$ とあらわしましょう.

フーリエはまず,物理学的な考察により,u の変化が,偏微分方程式

$$\frac{\partial u}{\partial t} = \frac{\lambda}{\rho c}\frac{\partial^2 u}{\partial x^2}$$

に従うことを示しました.λ は物体の熱伝導率,ρ は密度,c は比熱で,いずれも本来なら x の関数なのですが,ここでは話を簡単にするため,これらが定数である場合を考え,また,温度を測る単位を上手に選んで,$\lambda/(\rho c) = 1$ となるようにします.(このように仮定しても,議論の数学的な内容はまったく損なわれません.)この約束のおかげで方程式は

$$\frac{\partial u}{\partial t} = \frac{\partial^2 u}{\partial x^2} \tag{1.1}$$

と簡明になります.この方程式を**熱伝導方程式**と呼びます.

> 2変数以上の関数 u において，ひとつの変数 t に着目し，それ以外の変数をすべてを固定して t だけの関数として微分するとき，u を t で**偏微分する**といいます．u を t で偏微分した結果を表すには，「丸いディー」∂ を使って
>
> $$\frac{\partial u}{\partial t}$$
>
> と書くのです．たとえば $u(x,y) = x^2 y^3$ であれば $\frac{\partial u}{\partial x} = 2xy^3$, $\frac{\partial u}{\partial y} = 3x^2 y^2$ となります．この $\frac{\partial u}{\partial x}$ をもう一度 x で偏微分したものが，$\frac{\partial^2 u}{\partial x^2}$ です．$u(x,y) = x^2 y^3$ の場合なら，$\frac{\partial^2 u}{\partial x^2} = 2y^3$ となるわけです．

棒の両端の温度をゼロに保ち，初期状態での温度が位置 x の関数 $f(x)$ で与えられているものとして，温度 u のその後の変化を追っていく，という問題を考えます．以下，計算を簡単にするため，棒の長さが円周率 π となるように長さの単位を選ぶことにします．すると，棒の左端では $x = 0$，右端では $x = \pi$ ですから，両端の温度がいつでもゼロであるという条件は

$$u(0, t) = u(\pi, t) = 0 \qquad (t \geqq 0) \tag{1.2}$$

と表現されます．また，最初の温度が $f(x)$ で与えられるという条件は，

$$u(x, 0) = f(x) \qquad (0 \leqq x \leqq \pi) \tag{1.3}$$

と表現できます．式 (1.2) を方程式 (1.1) に対する**境界条件**，式 (1.3) を方程式 (1.1) に対する**初期条件**といいます．

ですから，ここでの課題は，

方程式 (1.1) を，
境界条件 (1.2) と
初期条件 (1.3) のもとで解け

と表現できることになります．

フーリエはまず，方程式 (1.1) と境界条件 (1.2) が

- u_1 と u_2 が (1.1) と (1.2) をみたすなら，和 $u_1 + u_2$ も (1.1) と (1.2) をみたす
- u が (1.1) と (1.2) をみたすなら，その任意の定数倍 ku も (1.1) と (1.2) をみたす

という性質をもつことに注意しました．熱伝導方程式のこの性質を，**重ねあわせの原理**といいます．

重ねあわせの原理をフル活用して，

- 方程式 (1.1) と境界条件 (1.2) をみたす関数のうち，なるべく簡単な形のものを求める
- 得られた簡単な形の関数を足し合せることで，初期条件 (1.3) をみたす関数を作る

という二段構えで問題を解こうというのが，フーリエの着想でした．

フーリエが考えた簡単な形の関数とは，2つの変数 x と t の関数である u が

$$u(x,t) = v(x)w(t)$$

のように x だけの関数 v と t だけの関数 w の積になっているもの（変数分離型の解）でした．この形の関数では，方程式 (1.1) は2つの常微分方程式

$$v''(x) = Cv(x), \quad w'(t) = Cw(t) \quad (C \text{ は定数}) \tag{1.4}$$

に帰着されます．まず (1.4) の第2式により，$w(t) = Ae^{Ct}$ となります．A は定数です．時間の経過とともに温度が無限に大きくなることはないので，このとき $C \leqq 0$ でなければならないとわかります．そこで改めて $C = -n^2$ とすると，(1.4) の第1式は $v''(x) = -n^2 v(x)$ となります．この式を解くと $v(x) = B\sin(nx + \theta)$ となります．B と θ も定数ですが，関数 u が境界条件 (1.2) をみたすためには，n が整数で，しかも $\theta = 0$ でなければなりません．こうして，方程式 (1.1) の変数分離型の解のうち (1.2) をみたすのは，

$$e^{-n^2 t}\sin nx \quad (n = 1, 2, 3, \ldots) \tag{1.5}$$

という形のもの（そしてその定数倍）だけであることがわかります．

> 棒の長さが π であるという仮定を置いたのは、解が (1.5) のように単純な形になるように工夫したのでした。一般に長さ L の棒であれば、ここでの解は $e^{-\frac{n^2\pi^2}{L^2}t}\sin\frac{n\pi}{L}x$ という形になります。

重ね合わせの原理により、(1.5) の形の関数に定数 b_n をかけて、たとえば $1 \leqq n \leqq N$ の範囲で足し合わせた

$$\sum_{n=1}^{N} b_n e^{-n^2 t} \sin nx$$

という関数も、(1.1) と (1.2) をみたすわけです。この N は 1 でも 2 でも 3 でも、あるいは百万でも十億でもかまわないのですが、ここでフーリエは大胆にも、和の上限 N をなくした無限和

$$u(x,t) = \sum_{n=1}^{\infty} b_n e^{-n^2 t} \sin nx \tag{1.6}$$

も (1.1) と (1.2) をみたすだろうと主張します。そして、初期条件 (1.3) をみたす関数 u を求めるためには、(1.6) の右辺で $t=0$ とした式を $f(x)$ と等置した

$$f(x) = \sum_{n=1}^{\infty} b_n \sin nx \tag{1.7}$$

が成り立つように定数 b_n を定めればよいと考えたのです。

フーリエは b_n を定める方法を次のように述べます。式 (1.7) が有限和

$$f(x) = \sum_{n=1}^{N} b_n \sin nx$$

であった場合には、両辺に $\sin kx$ をかけて 0 から π まで積分すれば、定積分の公式

$$\int_0^\pi \sin nx \sin kx \, dx = \begin{cases} 0 & (k \neq n \text{ のとき}) \\ \frac{\pi}{2} & (k = n \text{ のとき}) \end{cases}$$

によって,

$$\int_0^\pi f(x) \sin kx \, dx = \frac{\pi}{2} b_k$$

となり,b_n は積分

$$b_n = \frac{2}{\pi} \int_0^\pi f(x) \sin nx \, dx \tag{1.8}$$

で求められます.無限和の場合も同様に,与えられた関数 $f(x)$ に対して,式 (1.8) で b_n を定めれば,(1.7) が成立するだろう.フーリエはそのように主張したのです.

こうして,熱伝導方程式 (1.1) を境界条件 (1.2) と初期条件 (1.3) のもとで解く方法の一環として,関数 $f(x)$ から得られる積分値を係数とした三角関数の和で $f(x)$ を表示する,という着想にフーリエは至ったわけです.$f(x)$ からこの方法で得られる三角関数の和を,$f(x)$ の**フーリエ級数**と呼びます.

　このセクションで扱ったのは,$f(x)$ が区間の両端でゼロになる場合だけだったので,フーリエ級数がサイン関数だけの和になりました.
　一般には,区間の両端で値が一致しない関数や,原点でグラフが対称でない関数も含めて考えるために,サイン関数とコサイン関数の和を考えます.

1.3 フーリエ級数の実例

ここで，いくつかの簡単な関数についてフーリエ級数を調べてみます．

▶ 定数の場合

まず一番簡単な定数の場合を考えてみます．$0 < x < \pi$ の範囲で $f(x) = 1$ だったとしましょう．このときは，フーリエ級数の係数 b_n は

$$
\begin{aligned}
b_n &= \frac{2}{\pi} \int_0^\pi f(x) \sin nx \, dx \\
&= \frac{2}{\pi} \int_0^\pi \sin nx \, dx \\
&= \frac{2}{\pi} \left[-\frac{\cos nx}{n} \right]_0^\pi \\
&= \frac{2}{n\pi}(1 - \cos n\pi) \\
&= \begin{cases} 4/(n\pi) & (\text{n が奇数のとき}) \\ 0 & (\text{n が偶数のとき}) \end{cases}
\end{aligned}
$$

と求められます．（最後のところで，整数 n について $\cos n\pi = (-1)^n$ となることを用いました．）ですから，フーリエ級数は，

$$ f(x) \sim \frac{4}{\pi} \sin x + \frac{4}{3\pi} \sin 3x + \frac{4}{5\pi} \sin 5x + \cdots $$

です．ここで ～ は，左辺の関数から作ったフーリエ級数が右辺だよ，ということを意味する記号です．このフーリエ級数の右辺の，最初の 3 項の和，最初の 10 項の和，最初の 40 項の和を，次に図示します．（図 1.2, 図 1.3, 図 1.4）

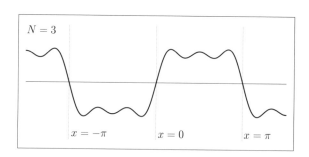

図 1.2

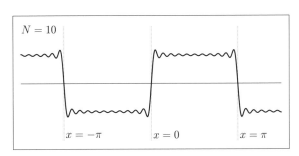

図 1.3

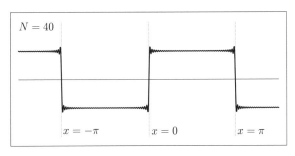

図 1.4

このように,級数の和のグラフは方形波

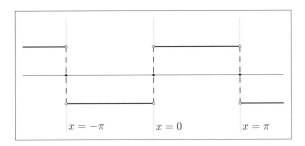

図 1.5

の形に,だんだんと近付いていっていることがわかります.もとの関数は $f(x) = 1$ ですが,サイン関数の和であらわしたので,0 から π までの範囲で $f(x) = 1$ であり,その範囲外には,サイン関数のもつ性質によって,$f(-x) = -f(x)$ と $f(x + 2\pi) = f(x)$ という条件をみたす周期関数として延長されているわけです.

▶ 直線の場合

つぎに，$0 \leqq x < \pi$ の範囲で $f(x) = x$ とした場合のフーリエ級数を考えます．先ほどの例と同様に積分を用いて係数 b_n を計算すればよいのですが，今回は積分の公式

$$\int x \sin nx \, dx = -\frac{x \cos nx}{n} + \frac{\sin nx}{n^2} + 積分定数$$

によって，

$$\begin{aligned}
b_n &= \frac{2}{\pi} \int_0^\pi f(x) \sin nx \, dx \\
&= \frac{2}{\pi} \left[-\frac{x \cos nx}{n} \right]_0^\pi + \frac{2}{\pi} \left[\frac{\sin nx}{n^2} \right]_0^\pi \\
&= \frac{2}{\pi} \cdot \frac{-(-1)^n \pi}{n} \\
&= \frac{2 \cdot (-1)^{n+1}}{n}
\end{aligned}$$

となります．(整数 n について $\sin n\pi = 0$ となることを用いました．) フーリエ級数は

$$f(x) \sim 2 \left(\frac{1}{1} \sin x - \frac{1}{2} \sin 2x + \frac{1}{3} \sin 3x - \frac{1}{4} \sin 4x + \cdots \right)$$

です．これも右辺の最初の 3 項の和，最初の 10 項の和，最初の 40 項の和を，次に図示します．(図 1.6, 図 1.7, 図 1.8)

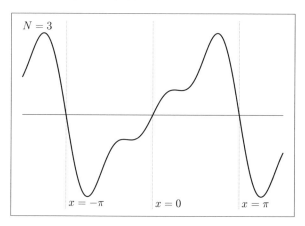

図 1.6

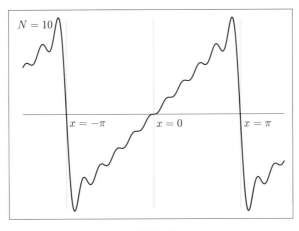

図 1.7

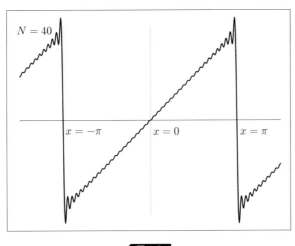

図 1.8

　グラフがノコギリの形の「鋸歯状波」の波形（図 1.9）に近付いていっているのがわかります．

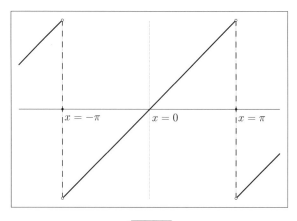

図 1.9

▶ 任意の折れ線グラフ

0 から π までの実数の範囲を，いくつかの小さな区間に分割します．そのために

$$0 = x_0 < x_1 < x_2 < \cdots < x_K = \pi$$

というぐあいに区間の境界を定め，$k = 1, 2, \ldots, K-1$ のそれぞれに対して，実数

$$y_1, y_2, \ldots, y_{K-1}$$

が与えられたとします．また，$y_0 = y_K = 0$ とします．これらのデータから折れ線グラフが，たとえば

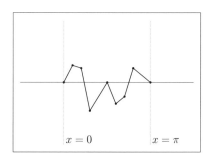

図 1.10

のように得られます．この折れ線グラフを，関数 $f(x)$ と考えて，フーリエ級数であらわしてみます．詳細は省きますが，係数 b_n は

$$b_n = \frac{2}{n\pi} \sum_{k=1}^{K} (y_k - y_{k-1}) \cos \frac{n(x_k + x_{k-1})}{2} \frac{\sin \dfrac{n(x_k - x_{k-1})}{2}}{\dfrac{n(x_k - x_{k-1})}{2}}$$

で計算できます．このことを用いてフーリエ級数の最初の数項の和を図示すると，

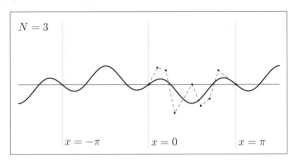

図 1.11

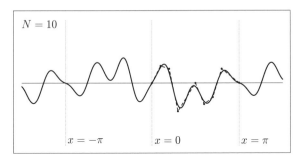

図 1.12

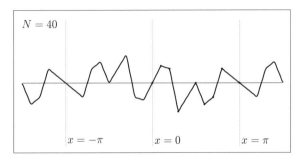

図 1.13

となっています.ここで考える折れ線はまったく自由であることを思えば,三角関数の和で表示できる関数の範囲はかなり広そうだとわかります.

また,たとえば,次のグラフ

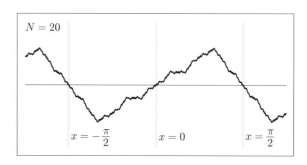

図 1.14

は,無限級数

$$f(x) = \sum_{n=1}^{\infty} \frac{(-1)^{n+1} \sin 2^n x}{n^2}$$

の最初の 20 個の項を足したものですが,切り立った岩山のような細かいギザギザが連なる,かなり複雑な関数であることがわかります.このようなものも,三角関数の和であらわされる関数の一員となっています.

このように見てくると,「三角関数の和であらわされる関数」というのは,かなり広範囲の関数をカバーしているようです.ですから,

**本当にありとあらゆる「任意の関数」が
フーリエの方法で三角関数の和として
表示できるのではないか**

と期待したくもなります.しかし,そういえるためにはまず,

「任意の関数」とはどういうことか

が,明らかになっていなければなりません.

1.4 フーリエの理論の問題点

一般に，$-\pi$ から π までの実数 x に対して定義された関数 $f(x)$ に対して，a_n と b_n を

$$a_n = \frac{1}{\pi}\int_{-\pi}^{\pi} f(x)\cos nx\, dx, \quad b_n = \frac{1}{\pi}\int_{-\pi}^{\pi} f(x)\sin nx\, dx$$

と定めれば，$f(x)$ のフーリエ級数は

$$f(x) \sim \frac{a_0}{2} + \sum_{n=1}^{\infty}(a_n \cos nx + b_n \sin nx) \tag{1.9}$$

という形をもつことになります．フーリエ級数は，収束するかどうかわからないし，収束しても値が $f(x)$ と一致するかどうかわからないので，一般には，式 (1.9) の両辺を等号で結ぶわけにいきません．ですから，左辺の関数のフーリエ級数は右辺の級数だよ，ということを表現するために，等号の代わりに $\sim$ 記号を使うのです．

任意の関数を，三角関数の和として表示しようというフーリエの着想は，同時代の数学者にすぐに受け入れられたわけではありません．1807 年にフーリエが書きあげた論文は，1811 年にアカデミーの数学賞を受賞しますが，その選考委員会の報告書は

> 著者が方程式を導出する方法も難点がなくはないし，その方程式を積分する解析法には，一般性のみならず厳密性という観点においてすら，不満が残る

と述べて，フーリエの議論が十分に満足のいくものでないと判断しています．

フーリエの議論のいちばんの問題点は，無限級数の**項別積分**の可能性にありました．

仮に，関数 $f(x)$ が本当に三角関数の和として

$$f(x) = \frac{a_0}{2} + \sum_{n=1}^{\infty}(a_n \cos nx + b_n \sin nx)$$

の形で与えられているとしても，このことから，たとえば

$$a_n = \frac{1}{\pi} \int_{-\pi}^{\pi} f(x) \cos nx \, dx$$

を結論づけるには，無限和と積分の順序交換，すなわち項別積分

$$\int_{-\pi}^{\pi} \sum_{k=1}^{\infty} (a_k \cos kx + b_n \sin kx) \cos nx \, dx$$
$$= \sum_{k=1}^{\infty} \left(a_k \int_{-\pi}^{\pi} \cos kx \cos nx \, dx + b_k \int_{-\pi}^{\pi} \sin kx \cos nx \, dx \right)$$

ができなければなりませんが，その保証があるでしょうか．

また，$-\pi$ と π の間の特定の一個の x についてだけ $f(x)$ の値を変更しても，積分の値には影響しないので，等式

$$f(x) = \frac{a_0}{2} + \sum_{n=1}^{\infty} (a_n \cos nx + b_n \sin nx)$$

の正当性は，積分では保証できない，という問題もありました．

こうした批判にフーリエは答えられなかったのですが，それにはまず，当時の積分の理論が十分なものでなかったという理由があります．

ニュートンとライプニッツが初めて微分の考えを発見した17世紀以来ずっと，積分は「微分の逆」として定義されてきました（**補足1** 微分の逆としての積分，p.23）．高等学校の数学では現在でも，積分といえばこの定義を採用しています．フーリエが想定していたのもおそらくはこの定義でしょう．というのも，関数の値と区間の幅の積の和の極限という，より精密な積分の定義を初めて提案したのは，フーリエの同時代人のコーシーで，それもフーリエの最初の論文が完成した7年後の，1814年のことでしたから（**補足2** コーシーによる積分の定義，p.24）．

前のセクションで検討したような具体的なフーリエ級数の係数 a_n, b_n の計算は，三角関数などの積分の公式を使えばできてしまうため，「積分は微分の逆」という定義でも，計算に困るということはないのですが，この定義では，どんな関数が積分できるのか，という問いに答えることは望めません．「微分の逆」という遠回しな定義から脱却し，積分できる関数の範囲を明確にしなければ，項別積分ができるための条件を明確にすることだって，できない相談です．

いっぽう，前のセクションで実例を見たとおり，フーリエの着想が大筋で正し

いことも間違いなさそうです．さらに，三角級数の和で表示できる関数の範囲が思いのほか広く，コーシーの流儀の積分でも扱いかねるような，かなりワイルドな関数を含んでいることも示唆されています．とすると，

- フーリエの着想ではなく，積分の理論のほうに不備がある
- 積分の定義を改め，項別積分の条件をはっきりさせる必要がある
- そのうえでもう一度「任意の関数のフーリエ級数」について考えるべきだ

ということになりそうです．次章からくわしく見ていくとおり，こうした課題に答える過程で生まれたさまざまなアイデアが，結果的に数学の姿を大きく変貌させることになるのです．

▶ 補足 1：微分の逆としての積分

積分の考えの萌芽は古代ギリシャ時代のアルキメデスにもありますが，関数に対する操作としての積分が個別の事例を超えた一般論として論じられるようになったのは，ニュートンとライプニッツが微分の考えを発見した 17 世紀後半以後のことです．変数 x の関数 $f(x)$ に対して，極限値

$$f'(x) = \lim_{h \to 0} \frac{f(x+h) - f(x)}{h}$$

で定まる関数 $f'(x)$ を対応させることを「関数 $f(x)$ を微分する」というわけです．このとき，$f'(x)$ を $f(x)$ の**導関数**といいますが，同じことを，主客を逆転させて $f(x)$ は $f'(x)$ の**原始関数**だ，ともいいます．ニュートンとライプニッツの時代以降，フーリエたちの時代までは，積分とは「原始関数を求めること」，すなわち，与えられた関数 $f(x)$ に対して，

$$F'(x) = f(x)$$

をみたす関数 $F(x)$ を求めることにほかなりませんでした．原始関数 $F(x)$ が得られれば，

$$\int_a^b f(x)\,dx = F(b) - F(a) \qquad (\text{これを} \left[F(x)\right]_a^b \text{とも書く})$$

によって，定積分を計算していました．

▶ 補足2：コーシーによる積分の定義

オーギュスタン・ルイ・コーシー（1789-1857）はフーリエより少し若い世代のフランスの人で，フーリエがグルノーブルに赴任していた時期にエコール・ポリテクニクで学び，のちに同校で教鞭をとるようになりました．

コーシーは解析学の教程の革新にさまざまな貢献をしました。そのひとつが積分の定義の改良でした．コーシーはまず定積分を次のように定義します．関数 $f(x)$ を $a \leq x \leq b$ の範囲で積分するには，a から b までの区間を

$$a = x_0 < x_1 < x_2 < \cdots < x_K = b$$

というぐあいに分割し，x_{k-1} から x_k までの区間の左端での関数値 $f(x_{k-1})$ に区間の幅 $x_k - x_{k-1}$ をかけて足しあわせた

$$S = \sum_{k=1}^{K} f(x_{k-1})(x_k - x_{k-1})$$

を考えましょう．$f(x)$ を座標平面上の曲線でイメージしたなら，これは「棒グラフ」の長方形の面積の合計を計算していることになります：

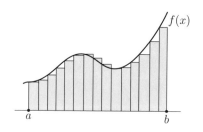

図 1.15

関数 $f(x)$ が連続であれば，K を大きくしながらどの区間の幅も十分小さくなるように分割を細かくしていくにしたがって，和 S がある特定の値に限りな

く近づいていく，ということを，コーシーは発見しました．この特定の極限値こそが

$$\int_a^b f(x)\,dx$$

だ，というのが，コーシーの流儀による定積分の定義でした．この定義により，従来の計算結果をそのまま活かしながら，原始関数が簡単には計算できないような関数についても，積分の理論的な扱いができるようになったのです．

chapter 2 積分の再定義

2.1 式としての関数:18世紀まで

　微積分学が17世紀後半にニュートンやライプニッツによって成立して以来，18世紀全体を通じて，主に扱ってきた関数は，四則演算であらわされる**代数式**と，いくつかのすでに知られた**超越関数**に限られていました．

　代数式というのは，

$$x^2 + 2x + 1, \quad 4x^3 - 3x^2 + 2x - 1$$

といった形の**整式**（多項式），

$$\frac{x^2+x+1}{x^2-x+1}, \quad x + \frac{1}{x}$$

のように，分母と分子が整式になっているような分数であらわされる**分数式**，そして

$$x + \sqrt{4x^2 + 1}$$

のような，冪根 $\sqrt[n]{\ }$ を含む**無理式**の総称です．

　独立変数の代数式であらわせない関数を超越関数といいます．古典的な微積分で扱われていた超越関数は，**指数関数**

$$a^x \quad (a \text{ は正の定数})$$

とその逆である**対数関数**

$$\log_a x \quad (a \text{ は正の定数で}, a \neq 1)$$

さらに

$$\sin x, \quad \cos x, \quad \tan x$$

といった**三角関数**と，その逆関数

$$\arcsin x, \quad \arccos x, \quad \arctan x$$

などです．これらの関数は，現在わたくしたちが高等学校の「微分・積分」で学ぶ関数でもあります．代数式であらわされる関数と，これらの基本的な超越関数を総称して，**初等関数**と呼んでいます．

初等関数の大事な特徴として，各点の周りで**テイラー展開**ができる，ということが挙げられます．

▶ テイラー展開

$f(x)$ を点 $x = a$ の周囲で定義された微分可能な関数とすると，a の周囲のある区間内の各点 x に対して，a と x の間に位置する（つまり $a < \xi_1 < x$ または $x < \xi_1 < a$ をみたす）点 ξ_1 を

$$f(x) = f(a) + f'(\xi_1)(x - a)$$

となるようにとれます．このことを**平均値の定理**といいます．さらにもしも，点 $x = a$ の近くで導関数 $f'(x)$ がもう一度微分できるなら，a の近くの各点 x に対して，a と x の間に位置する点 ξ_2 を

$$f(x) = f(a) + f'(a)(x - a) + \frac{1}{2}f''(\xi_2)(x - a)^2$$

が成立するようにとれます．同様に，$f(x)$ が $x = a$ の近くで n 回微分できるならば，その範囲内の x のそれぞれに対して，a と x の間に位置する点 ξ_n が存在して，

$$f(x) = f(a) + f'(a)(x-a) + \cdots + \frac{1}{(n-1)!}f^{(n-1)}(a)(x-a)^{n-1} + R_n,$$
$$R_n = \frac{1}{n!}f^{(n)}(\xi_n)(x-a)^n$$

が成立することになります．（ここでは，$f(x)$ を k 回微分した結果を $f^{(k)}(x)$ と書いています．）このことを**テイラーの定理**といいます．R_n をテイラーの剰

余項と呼びます．n をどんどん大きくしていったときに，もしもこの剰余項がいくらでもゼロに近づくなら，$f(x)$ は

$$f(x) = f(a) + f'(a)(x-a) + \cdots + \frac{1}{n!}f^{(n)}(a)(x-a)^n + \cdots$$

という無限級数であらわされることになります．この級数表示を，a の周りでの $f(x)$ のテイラー展開と呼ぶのです．

整式はそれ自身（有限個の項で完結した）テイラー展開の形をしていますし，よく知られた無限等比級数の和の公式

$$\frac{1}{1+r} = 1 - r + r^2 - r^3 + \cdots \quad (-1 < r < 1)$$

は，$x=1$ の周りでの関数 $1/x$ のテイラー展開になっています．三角関数は

$$\cos x = 1 - \frac{1}{2}x^2 + \frac{1}{24}x^4 - \cdots$$

$$\sin x = x - \frac{1}{6}x^3 + \frac{1}{120}x^5 - \cdots$$

のようにテイラー展開できます．

18世紀も終わり近くになると，力学の問題の解析などを通じて，楕円積分

$$f(x) = \int_0^x \frac{1}{\sqrt{1 - k^2 \sin^2 \theta}} \, d\theta$$

など，初等関数の範囲をはみ出す関数が扱われるようになりましたが，それらについても，やはり各点の周りでテイラー展開が可能だったのです．

一般に，冪級数

$$c_0 + c_1(x-a) + c_2(x-a)^2 + \cdots + c_n(x-a)^n + \cdots$$

は整式を自然に一般化したものと考えられ，その収束・発散の理論的扱いも明快です．その数学的な表現の自然さに加えて，初等関数をはじめとする古典的な数理物理学で扱われる関数がいずれもテイラー展開によって冪級数であらわされたという事情もあって，18世紀までは「関数とは冪級数の形であらわされるものである」と解されており，実用上もそれで困ることはなかったのです．

ニュートンたちの微分演算の定義は，よく知られているとおり

$$f'(x) = \lim_{h \to 0} \frac{f(x+h) - f(x)}{h}$$

のように，ゼロでない h がゼロに限りなく近づくときの極限の値を考える極限操作を含んでいます．ですから，微積分は，無限に小さい h を考える，という意味で「無限小解析」と呼ばれていました．この「無限小」という概念の意味と正当性については，当初から厳しく批判されており，微積分の厳密な基礎づけが困難な課題であることは，ニュートンとライプニッツの時代からすでにはっきりしていました．

いっぽう，微積分の言葉を用いて定式化されたニュートンの力学は，身近な物体から惑星まであらゆる物体の運動を，少数の数学的な原理によって説明する理論として大成功を収めていました．ですから，哲学的な基礎づけに疑いを残していたとはいえ，解析の手法としての微積分の有用性も，最初からはっきりしていたのです．

自然現象の解析という目的に導かれた微積分には，具体的な物理現象という汲めども尽きぬイメージの源泉があり，物理的直観が数学者たちを導く役割を果してくれました．また，基礎づけの課題がどうであれ，初等関数の微分について

$$\frac{d}{dx}x^p = px^{p-1}, \quad \frac{d}{dx}\sin x = \cos x, \quad \frac{d}{dx}a^x = a^x \log a$$

といった公式が確立していて，具体的な計算は十分に可能でした．とくに，冪級数であらわされる関数

$$f(x) = c_0 + c_1(x-a) + c_2(x-a)^2 + \cdots + c_n(x-a)^n + \cdots$$

の場合，多項式の微分・積分をモデルにして，

$$f'(x) = c_1 + 2c_2(x-a) + \cdots + nc_n(x-a)^{n-1} + \cdots$$

$$\int_a^x f(t)\,dt = c_0(x-a) + \frac{c_1}{2}(x-a)^2 + \frac{c_2}{3}(x-a)^3 \cdots + \frac{c_n}{n+1}(x-a)^{n+1} + \cdots$$

と形式的な代数的計算で微分・積分ができるとも考えられました．

こうした事情を背景にして，18世紀後半に活躍したオイラーやラグランジュたちは，それぞれの解析学の教科書を著述するにあたって，基礎づけの難しい無

限小という概念を避けるために「関数とは冪級数のことだ」というテーゼを出発点としたくらいです．

まとめていえば，17 世紀から 18 世紀においては，関数とは

- 独立変数を含む，よく知られた形の式であらわされる
- 各点の周りで冪級数にテイラー展開できる

そういうものだと考えられていたわけです．

ところが，19 世紀になると，フーリエによる熱拡散方程式の解析によって，こうした当時の「常識」に真っ向から対立する考え方がもたらされたのでした．フーリエは，任意の関数を

$$f(x) = \frac{a_0}{2} + \sum_{n=1}^{\infty}(a_n \cos nx + b_n \sin nx)$$

という三角関数の和で表す方法を述べたのです．ただし，フーリエ自身が実際に扱ったのは，いくつかの区間ごとに初等関数を接ぎ木して作った，ちょうど前章で例として挙げたようなものばかりでした．そうした関数のいくつかについてフーリエは三角級数展開の係数を計算しましたが，そうした例示だけでは「任意の関数」についての彼の主張を確証できないことは明らかです．

2.2 ディリクレの定理

三角関数の和でどんな関数でもあらわされると主張したフーリエは，いくつかの特別な場合に自分の主張を確かめることはできましたが，厳密な証明を与えることは最後までできませんでした．この方向で確実な結果を最初に証明したのが，このセクションで紹介するディリクレです．

人物紹介 ヨハン・ペーター・グスタフ・ルジューヌ・ディリクレ (1805-1859)

　ヨハン・ペーター・グスタフ・ルジューヌ・ディリクレは，ドイツとベルギーの国境に近い町デューレン（当時はフランス領）の郵便局員の子として生まれました．彼の家系はベルギーの地方都市リシュレーの出で，「ルジューヌ・ディリクレ」という名をフランス語読みすると「リシュレーから来た若者」という意味になります．ケルンのイエズス会系のカレッジで（電気抵抗のオームの法則で名高い）ゲオルク・シモン・オームの教えを受けたあと，しかしドイツの大学には進まずパリに留学して，ナポレオン時代の高名な軍人フォワ将軍のもとに家庭教師として住み込み，フーリエ，ラプラス，ルジャンドルといった人々の知己を得て研鑽をつみます．ディリクレの最初の数学的な業績はフェルマーの問題の $n=5$ の場合を解決したことで，これを始めとして，彼は整数論と数理物理学に多大な貢献をすることになります．整数論におけるディリクレの業績のうちで特筆すべきものとして，「a と d が互いに素な整数のとき，等差数列

$$a,\ a+d,\ a+2d,\ \ldots,\ a+nd,\ldots$$

には無限に多くの素数が含まれる」という定理があります．

　フォワ将軍の死（1825年）を期にドイツに戻ったディリクレは1830年からベルリン大学で多忙な研究と教育の日々を過ごします．あまりの忙しさに嫌気がさしていたディリクレは，1855年にガウスの後任としてゲッチンゲンに移りますが，その4年後に病気で亡くなりました．

　なお，ディリクレの奥さんレベッカは，作曲家フェリクス・メンデルスゾーンの妹です．

　ディリクレが示したフーリエ級数の収束条件を述べるために，「区分的に連続な関数」「区分的になめらかな関数」について説明しましょう．
　一般に，2つの実数 a と b があって，$a<b$ であったとき，a 以上 b 以下という実数の範囲を $[a,b]$ と書きます．また，a より大きく b より小さい実数の範囲を (a,b) と書きます．$[a,b]$ を**閉区間**といい，(a,b) を**開区間**といいます．

両者の違いは，両端の a と b を含むか含まないか，だけです．

関数 $f(x)$ が点 $x = c$ において**連続である**とは，変数 x の値を定数 c に十分に近づければ値 $f(x)$ が $f(c)$ にいくらでも近づくこと，です．

たとえばよく知られた不等式

$$|\sin\theta| \leqq |\theta|, \qquad |\cos\theta| \leqq 1$$

と，三角関数の和を積に直す公式によって，どんな定数 c についても

$$|\sin x - \sin c| = \left|2\sin\frac{x-c}{2}\cos\frac{x+c}{2}\right| \leqq 2\cdot\frac{|x-c|}{2}\cdot 1 = |x-c|$$

なので，x を c に近づけたぶんだけ，$\sin x$ は $\sin c$ に近くなります．ですからサイン関数はすべての実数 c において連続です．

関数 $f(x)$ が区間 $[a,b]$ 上のすべての点で連続である，ということを，単に $f(x)$ は $[a,b]$ 上で連続である，といいます．

開区間 (a,b) での連続性も，同様に定義します．

定義は同様なのですが，閉区間での連続関数と開区間での連続関数では，そのふるまいに違いが見られます．たとえば $f(x) = 1/x$ とすればこれは開区間 $(0,1)$ で連続です．しかし，$1/x$ というのは $x = 0$ のときは定義されませんし，$x > 0$ の範囲から x をどんどんゼロに近づけていくと $1/x$ はいくらでも大きくなってしまうため，この $f(x)$ を閉区間 $[0,1]$ 上の関数として定義しなおすためにどんな実数の値を $f(0)$ と定めたところで，$x = 0$ で連続な関数にはなりません．この例からわかるように，**開区間 (a,b) で定義された連続な関数が，閉区間 $[a,b]$ の連続な関数に拡張できるとは限らない**のです．

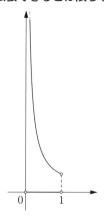

図 2.1

いっぽう，そうした拡張が可能な場合もあります．たとえば，同じく開区間 $(0,1)$ で，今度は

$$f(x) = \frac{\sin x}{x}$$

と定義してみましょう．このときも，$\sin x / x$ という式自体の値は，$x = 0$ では定義されていません．しかし，$x > 0$ という範囲から x をどんどんゼロに近づけていくと，$\sin x / x$ はいくらでも定数 1 に近づいていくのです．

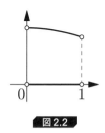

図 2.2

ですから，$f(0) = 1$，$f(1) = \sin 1$ とあらためて定義してやることで，この関数 $f(x)$ は閉区間 $[0, 1]$ で定義された連続な関数にできます．

この例のように，開区間 (a, b) で定義された関数 $f(x)$ について，この区間内を動く変数 x を左端の a に限りなく近づけたときに，$f(x)$ がただ 1 つの値 α にいくらでも近づくならば，この α のことを

$$\lim_{x \searrow a} f(x) \quad \text{あるいは} \quad f(a+0)$$

と書きます．また，x が区間の右端の b に限りなく近づけたときに，$f(x)$ がただ 1 つの値 β にいくらでも近づくならば，この β のことを

$$\lim_{x \nearrow b} f(x) \quad \text{あるいは} \quad f(b-0)$$

と書きます．（$f(a+0)$ や $f(b-0)$ は誤解を生みやすい書きかたで，あまりよい習慣ともいえないのですが，簡潔なのでよく使われます．）先ほどの $1/x$ の場合のように，こうした「極限値」が存在しない場合もあります．もしも $\lim_{x \searrow a} f(x)$ と $\lim_{x \nearrow b} f(x)$ の両方が存在するならば，（そして，その場合に

限って）関数 $f(x)$ は閉区間 $[a,b]$ 上に連続な関数として拡張できるわけです．

さて，閉区間 $[a,b]$ 上に与えられた関数 $f(x)$ が**区分的に連続である**とは次のことをいいます．a と b の間に

$$a = x_0 < x_1 < x_2 < \cdots < x_{N-1} < x_N = b$$

と区切りを入れて区間 $[a,b]$ を有限個（ここでは N 個とします）の閉区間 $[a, x_1]$，$[x_1, x_2]$，$\cdots$，$[x_{N-1}, b]$ に分割して，$f(x)$ が各開区間 (x_{k-1}, x_k) 上で連続であり，さらに，両側の極限値

$$\lim_{x \searrow x_{k-1}} f(x) \text{ と } \lim_{x \nearrow x_k} f(x)$$

をもつときに，$f(x)$ は $[a,b]$ において区分的に連続だというのです．区間の区切りにおける値 $f(x_k)$（$1 \leqq k < N$）は，極限値 $\lim_{x \searrow x_k} f(x)$ や $\lim_{x \nearrow x_k} f(x)$ に一致しなくてもかまいません．ですから，次の図のようなグラフをもつのが，区分的に連続な関数というわけです．

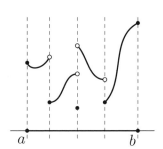

図 2.3 区分的に連続な関数

また，区分的に連続な関数 $f(x)$ が，各 $[x_{k-1}, x_k]$ で微分可能で，その導関数 $f'(x)$ がそれぞれの区間 $[x_{k-1}, x_k]$ においてまた区分的に連続になっている場合に，$f(x)$ は**区分的になめらかである**といいます．

さて前置きが長くなりましたが，これで，ディリクレの定理を，次のように述べることができます．

フーリエ級数の収束についてのディリクレの定理

閉区間 $[-\pi, +\pi]$ において定義された関数 $f(x)$ が区分的になめらかであれば，$f(x)$ のフーリエ級数は，$f(x)$ が連続であるような点 x においては $f(x)$ に収束し，また不連続な点においては左右からの極限値の平均 $(f(x-0) + f(x+0))/2$ に収束する．

このディリクレの定理は，その主張の内容こそ，フーリエがいくつかの実例をもとに述べたこととほぼ同じですが，きちんと定義された一般的な条件をもとに数学的に厳密な論証が与えられている点に，まず意義があります．

また，この定理において，代数的な式や冪級数の形で与えられたもの，という18世紀までの関数の概念からディリクレがすでに脱却していることにも注目してください．任意の関数のフーリエ級数展開，という課題は，任意の関数とは何かという問いをも暗黙に含んでいたわけですが，ディリクレはこれに対して，次のように答えています．

> 変数 y が変数 x に関連づけられていて，x の数値が与えられるたびに，それに対する y の値がただひととおりに決まる仕組みがあるなら，y は独立変数 x の関数である，といわれる．

なにより「値が決まる」というのが関数という概念のキモであり，値を決める仕組みが代数式や冪級数といったよく知られた規則によっている必要はないのです．ディリクレの定理の条件「区分的になめらか」は，関数がどのような式で表示されているかにはぜんぜん言及しておらず，値の対応がどのようであるかだけを問題にしています．

このように，値が決まる仕組みとしてきわめて一般的に関数というものを定義したうえで，さてそれではどのような関数がフーリエ級数に展開できるのだろうか，という順番で，ディリクレは考えたのです．

2.3 リーマン積分

　フーリエ級数の収束に関するディリクレの定理は，フーリエ級数が収束するひとつの**十分条件**を与えたものです．「関数のこれこれの条件をみたせば，そのフーリエ級数は収束する」というわけです．「フーリエ級数が収束するような関数は，必ずこの条件をみたす」という**必要条件**を述べているわけではありませんので，ディリクレの条件をみたさないが，フーリエ級数は収束するというような関数が，他にあるかもしれません．ですから，このディリクレの定理の結果を受けつぎ発展させる方法のひとつは，ディリクレの条件を緩和して，より広い範囲の関数のフーリエ級数が収束する条件をみつけることです．

　また逆に，フーリエ級数で表示できるような関数はどのような性質をもつか，という方向に問いを立てて，必要条件を調べる，というアプローチも考えられます．

　こうした課題を引き継いだのが，ディリクレの弟子のリーマンでした．

　リーマンは 1854 年に教授資格審査のために執筆した論文『関数の三角級数による表示可能性について』で，ディリクレの残した課題を引き受け発展させました．リーマン自身はこの論文を刊行しなかったのですが，彼の早すぎる死のあと，友人のデデキントの手で 1868 年に刊行されました．全部で 40 ページを超えるこの論文は，大きく

- 第 1 部「任意に与えられた関数の三角級数による表示可能性をめぐる問いの沿革」
- 第 2 部「ある定積分の概念とその有効範囲」
- 第 3 部「関数の性質についての特別な前提条件を設けずに三角級数による表示可能性を探求すること」

と分けられています．第 1 部ではフーリエからコーシーやアーベルを経てディリクレに至るフーリエ級数研究の歴史を振り返っています．第 2 部で積分のあたらしい定義を提案し，第 3 部では関数が三角関数の和で表示できるための「必要条件」を探求します．この第 3 部では，関数のフーリエ級数がいつ収束するかという問題を逆転させ，サイン関数とコサイン関数の和であらわされる三角級数

$$\frac{a_0}{2} + \sum_{n=1}^{\infty}(a_n \cos nx + b_n \sin nx)$$

が収束するとしたら，その和としてあらわされる関数はどんな性質をもつだろうか，という問題を立てています．そして，たとえば

> 三角級数がすべての x で収束するならば，係数の数列 $\{a_n\}_{n=0}^{\infty}$ と $\{b_n\}_{n=1}^{\infty}$ はどちらも，$n \to \infty$ の極限でゼロに収束する．（リーマン-ルベーグの定理）

といったことが証明されていますが，なかでも特筆すべきなのは，「**リーマンの局所性定理**」で，これは，2つの関数 $f_1(x)$ と $f_2(x)$ がある開区間 (a, b) において一致するならば，差 $f_1(x) - f_2(x)$ のフーリエ級数がおなじ開区間 (a, b) においてゼロに収束する，と主張するものです．関数のフーリエ級数の係数は，

$$a_n = \frac{1}{\pi}\int_{-\pi}^{\pi} f(t) \cos nt\, dt, \quad b_n = \frac{1}{\pi}\int_{-\pi}^{\pi} f(t) \sin nt\, dt$$

と，関数の周期全体にわたる積分をとることで求められ，関数のグローバルな挙動を均等に計算に入れているにもかかわらず，そのフーリエ級数の各点での収束・発散の様子は，各点の近くのローカルな小さな区間での関数のふるまいで決まってしまう，というのですから，これは驚くべき結果です．そして，グローバルには全然異なる2つのフーリエ級数が，短い範囲内では同じふるまいをすることがある，という現象の発見は

> 異なる2つの三角級数が，
> まったく同じ関数をあらわすことがあるだろうか

という**三角級数の一意性**への問いを生み出すことにもなります．実にこの問いが，第4章で扱うカントールの無限論への布石になっているのです．

さて，リーマンのこの研究は，関数を「値を決めるなんらかの仕組み」とするディリクレの考え方を受け継いでいます．任意に与えられた関数のフーリエ級数を求めるというのは，その関数にサインやコサインをかけて $-\pi$ から π まで積分するということです．ですから，**任意の関数の積分を求める**とはどういうことか，それが明らかになっている必要があります．

リーマンの教授資格審査論文の第2部「ある定積分の概念とその有効範囲」は，この課題を追求します．リーマンは「任意の関数の積分」をどう定義したのでしょうか．

閉区間 $[a,b]$ 上の関数 $f(x)$ が与えられたとします．この関数は必ずしも連続ではないとします．区間 $[a,b]$ を

$$a = x_0 < x_1 < x_2 < \cdots < x_{N-1} < x_N = b$$

と有限個（ここでは N 個とします）の閉区間 $[a, x_1]$, $[x_1, x_2]$, $\cdots$, $[x_{N-1}, b]$ に分割しましょう．ここまではコーシーの積分の定義と同じです．しかし次のステップでは，部分区間 $[x_{k-1}, x_k]$ 上の任意の点 c_k を好きにとって，和

$$S = f(c_1)(x_1 - x_0) + f(c_2)(x_2 - x_1) + \cdots + f(c_N)(x_N - x_{N-1})$$

を考えなさい，といいます．コーシーの定義では，c_k は左側の分点 x_{k-1} に固定されていました．リーマンの和 S は，区間の分点 x_k の選び方だけでなく c_k の選び方にも依存することになります．しかし，「区間の分割を十分細かくしさえすれば，この和 S がただ1つの値にいくらでも近づく」という条件がみたされるかどうかは，関数 $f(x)$ が与えられれば，それで決まることになります．リーマンは，この条件がみたされるような関数 $f(x)$ のことを，「積分可能な関数」と呼び，そのときの和 S のただ1つの極限値のことを，$f(x)$ の区間 $[a,b]$ における定積分と呼ぶことにしました．

リーマンによる積分の定義は，区間の分割 x_k と区間内の点 c_k の選び方に依存しているように見えて，とらえにくいですね．階段関数という考え方をつかうと，リーマンの定義と同等だけれど，もう少しイメージしやすい定義を与えることができます．

区間 $[a,b]$ における階段関数とは，なんらかの分割

$$a = x_0 < x_1 < x_2 < \cdots < x_{N-1} < x_N = b$$

の，各部分区間 $[x_{k-1}, x_k]$ の内部において一定の値をとる関数のことだとします．なにか

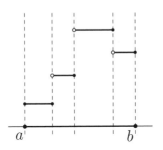

図2.4 階段関数の例

のようなものをイメージしてください．いま，

$$E_k(x) = \begin{cases} 1 & (x_{k-1} < x \leqq x_k \text{ のとき}) \\ 0 & (\text{それ以外のとき}) \end{cases}$$

となる関数 $E_k(x)$ を考えれば，区間 (x_{k-1}, x_k) 上で一定の値 y_k をとる階段関数を

$$\varphi(x) = y_1 E_1(x) + y_2 E_2(x) + \cdots + y_N E_N(x)$$

のようにあらわすことができます．この階段関数 $\varphi(x)$ の"積分"は，各部分区間の長さにそこで階段関数がとる値を掛けて加えあわせた和

$$S[\varphi] = y_1(x_1 - x_0) + y_2(x_2 - x_1) + \cdots + y_N(x_N - x_{N-1})$$

で定められるとしましょう．2つの階段関数 $\varphi(x)$ と $\psi(x)$ があったとして，もしも区間 $[a, b]$ 上のすべての点 x において $\varphi(x)$ が $\psi(x)$ を越えない，すなわち，

$$\varphi(x) \leqq \psi(x) \qquad (a \leqq x \leqq b)$$

となっているとしたら，両者の積分の間にも
$$S[\varphi] \leqq S[\psi]$$
という関係が成立します．

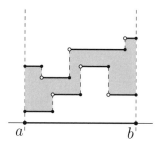

図 2.5 大小関係のついた階段関数と積分の比較

さて, 区間 $[a,b]$ で与えられた関数 $f(x)$ がリーマンの意味で積分可能であることは, まず,

- ある定数 m と M がとれて, 区間 $[a,b]$ のすべての点 x で
  $m \leqq f(x) \leqq M$ となる

という意味で関数が"有界"であって, しかも, 実数 s を,

- すべての階段関数 $\varphi(x)$ について
  $$\varphi(x) \leqq f(x) \quad (a \leqq x \leqq b) \quad \text{ならば,} \quad S[\varphi] \leqq s,$$
  $$\varphi(x) \geqq f(x) \quad (a \leqq x \leqq b) \quad \text{ならば,} \quad S[\varphi] \geqq s$$

となるようにとれ, さらに

- そのような実数 s が, ただ 1 つに決まる

ということと同値になります. そして, これが成立するときには, このただ 1 つの実数 s が $f(x)$ の積分

$$\int_a^b f(x)\,dx$$

になるのです. (この定義は, のちにリーマンの積分論を整理して解析学の教科書を書いた, フランスの数学者ガストン・ダルブーによる定義をアレンジしたも

のです.)

　同じことを次のようにいうこともできます. リーマンの意味での $f(x)$ の定積分は, $f(x)$ より小さいすべての階段関数 $\varphi(x)$ の積分より大きく, また $f(x)$ より大きいすべての階段関数 $\psi(x)$ の積分より小さいような, ただ1つの実数です.

　このリーマンの積分は, 連続な関数についてはコーシーの定義と同じ結果を与えます. コーシーの定義ではつねに部分区間の左端の関数の値に区間の幅をかけて和を求めていたところを, リーマンの定義では, 区間上のどの点での値も同等に扱わねばならないのですから, 関数が積分可能であるための条件が, コーシーの場合よりかえって厳しくなっています. 定義がややこしくなり, 条件が厳しくなったのですから, 積分は値さえ計算できればよいという実用本位の考えでは, こんな定義のどこにその意義があるのか, ありがたみがわからないことになります.

　この点については次のように答えることができるでしょう. コーシーには, 関数とは何かという深い問いかけはなかったので, 任意の関数に対してその積分可能性の条件を探すという問題意識はなく, 単に連続関数に限って積分の存在を保証していたのでした. 連続な関数以外にどのような関数がコーシーの意味で積分可能なのか, という問題を追求していけば, その過程でより自然な定義としてリーマンの積分の定義が浮びあがってくることになります.

　定義を厳格にすることで理論的な分析がやりやすくなるという利点もあります. たとえば, コーシーの積分の定義は左右対称になっていないので, 関数 $f(x)$ の連続性が保証されていない場合に等式

$$\int_a^b f(x)\,dx = \int_{-b}^{-a} f(-x)\,dx$$

を証明しようとすると, 少々やっかいなことになります. いっぽう, リーマンの定義では, この等式の証明はいたって容易です.

　要するに, ディリクレの現代的な関数の概念のもとで使用するには, コーシーの積分の定義は条件がゆるすぎる, というわけです.

人物紹介 ゲオルク・フリードリヒ・ベルンハルト・リーマン (1826-1866)

ゲオルク・フリードリヒ・ベルンハルト・リーマンは，40年の短い生涯のうちに，リーマン面，リーマン積分，リーマンのゼータ関数，リーマン幾何学など，現代数学の源流となる数々のアイデアを生み出した偉大なビジョナリーです．

小学校ではシャイで目立たない生徒だったといいますが，ギムナジウム時代にはルジャンドルの整数論の本900ページを6日で読破したといいますから，やはり只者ではありません．ゲッチンゲン大学出身であり，ディリクレの教えをうけてゲッチンゲンで教職についたというので，ディリクレ晩年のゲッチンゲン時代のことのように思えますがそうではありません．当時のドイツには，大学生は複数の大学で修行をするのがよい，という通念があり，リーマンもそれに従って1849年から2年間ベルリン大学に通っていたのです．その当時，ゲッチンゲンにはまだガウスがいました．リーマンがガウスにその才能を認められるのはベルリンからゲッチンゲンに戻って学位論文を仕上げた頃からのようです．学位論文でリーマン面の概念を提出し，教授資格取得講演に際して与えられた課題に答えて，n 次元多様体とその上のリーマン計量の概念を提出します．任意の次元の曲がった空間を，その空間内で計測できるデータだけにもとづいて余す所なく記述する方法を教えるリーマンの幾何学は，その当時には新しすぎて，ガウスを別にすればその意義を理解できた人はなく，半世紀後にアインシュタインが「一般相対性理論」の数学的なバックグラウンドとして用いて，初めて多くの人の知るところとなりました．ベルリン科学アカデミー会員に選ばれたさいに提出した研究報告書では，素数の分布を調べる目的で，もともと1より大きい実数 s に対してだけ定義されていたゼータ関数

$$\zeta(s) = 1 + \frac{1}{2^s} + \frac{1}{3^s} + \cdots$$

を複素平面全体に拡張し，その零点の分布を考えることを提唱します．この文脈で提出された，「ゼータ関数の零点は（自明な例外を別にすれば）実部が 1/2 であるような複素数に限るだろう」というリーマン予想は，その後150年を経ていまだ未解決であり，現代の数学にとって最重要の問題のひとつになっています．

2.4 積分可能性をめぐる混乱

　リーマンは，三角級数を関数のフーリエ級数に限定せず一般的に扱うことで，フーリエ級数展開が可能なすべての関数が例外なく必然的にもつような特徴（三角級数展開の必要条件）を探求しようとしました．その一環として，彼は従来の「逆微分」という積分のとらえ方を改め，区間の細分から定まる極限値として積分を定義することを提唱したのでした．

　リーマンのこの試みによって，不連続関数を含むいろいろな関数の積分可能性の一般論を理論的に扱うことが可能になりましたが，リーマン自身は，有限の区間のなかで無限に振動するような関数の積分可能性については，決定的な結果を残すことができませんでした．リーマンの教授資格審査論文は，積分論と三角級数論にとって画期的なアイデアを数多く含んでいたのですが，未解決の問題も多く，自分の仕事としては完成度が低いと判断したリーマンは，この論文の出版を断念してしまったのでした．それでも，ディリクレのフーリエ級数研究を継承するためには，有限の区間内での無限な振動など複雑な振舞いを示す関数や，不連続な関数をも射程に入れて，広い視野で積分や三角級数展開の可能性を考えなければならない，という方向性が，リーマンのこの仕事によって，決定的に打ち出されました．

　リーマンの示したこの研究プログラムが，「独立変数のひとつひとつの値ごとに従属変数の値を定める任意の対応」というディリクレの関数概念にもとづいていることは明らかです．しかし，まったく任意の対応というディリクレの関数の概念は，当時の数学界にただちに広く受けいれられたわけではありません．あまりにも一般的なそうした定義に実用的な意味などないだろう，という批判も，けだしもっともです．

　リーマンの弟子で，ディリクレの関数概念の主な批判者のひとりとなったヘルマン・ハンケル（1839-1873）は，ディリクレの定義は対応を関数と言い換えただけの無内容な同義反復だと決めつけます．一般的すぎて役にたたないディリクレの定義と，それ以前の「式による表示」という関数の定義の両方を批判して，「まっとうな関数」と「使えない関数」の区別を立てるべきだと，ハンケルは主張します．ハンケルがその区別をどのように定めたかといえば，各区間でたかだか有限個の例外点を除いて連続で微分可能であり，その導関数もまた，たかだか有限個の例外点を除いて連続で微分可能であり，以下同様である，という条件をみたす関数だけを「まっとうな関数」と認めようというのでした．彼はまた，まっ

とうな関数は独立変数を複素数にまで拡張して，少数の例外点を除いて，微分可能な関数になっているべきだ，とも主張します．これは結局，冪級数展開可能な関数をもっぱら考察の対象にしようという宣言であり，実践的判断としては賢明といえるいっぽう，歴史的にはむしろ反動的な態度でありました．

ハンケルは彼の「まっとうな関数」がリーマンの意味で積分可能であることを証明しますが，その過程で，結局は間違っていることがわかった次の命題を主張します．

> **ハンケルの命題（正しくない）**
>
> 区間 $[a,b]$ で定義された関数 $f(x)$ が有界で，$[a,b]$ に含まれるすべての部分区間上に $f(x)$ の連続となる点が存在するならば，$f(x)$ は積分可能である．

ハンケルがこのようなことを主張した経緯をもう少し説明しましょう．まず区間 $[a,b]$ で定義された有界な関数 $f(x)$ と，正の実数 r に対して，点 x での振動が r 以下であるということを，x を内部に含む区間 $[c,d]$ ($c < x < d$) を，$[c,d]$ 上のすべての点 y と z について $|f(y) - f(z)| \leqq r$ となるようにとれることだと定めます．x に十分近い点の間では関数の値が r より離れることがない，という意味です．すると，区間 $[a,b]$ の上の各点 x について，

- $r > v$ なら，点 x での関数 f の振動が r 以下である
- $r < v$ なら，点 x での関数 f の振動が r 以下でない

となるような実数 v が，ただ 1 つ定まります．このような実数 v を点 x における関数 f の振動量と呼び，$\mathrm{osc}(f, x)$ と書きます．

セクション 3.1 で説明する上限と下限を用いて定義すれば，$|y - x| < \varepsilon$ かつ $|z - x| < \varepsilon$ であるような y と z にわたる $|f(y) - f(z)|$ の上限の，正の数 ε 全体にわたる下限が $\mathrm{osc}(f, x)$ ということになります．

このとき，
$$\text{関数 } f \text{ は点 } x \text{ において連続である} \Leftrightarrow \text{osc}(f,x)=0$$
となります．たとえば，図のように関数のグラフに跳びがある場合には，

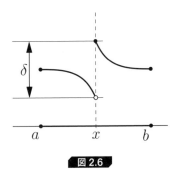

図 2.6

この関数の x での振動量はグラフの跳び幅 δ になりますし，次の図のような無限に多くのギザギザからなる関数の場合，

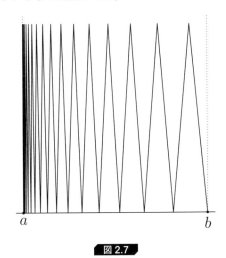

図 2.7

区間の左端に押しよせる無数の山の高さが，左端の点 a での振動量ということになります．

　関数 f が区間 $[a,b]$ でリーマンの意味で積分できるためには，正の実数 r がいかに小さくとも，区間 $[a,b]$ の分割を上手にとって，振動量が $\text{osc}(f,x) \geqq r$

となる点 x を含む小区間の長さの合計を，好きなだけ小さくできねばなりません．

> もしも，どんな分割のとりかたをしても $\mathrm{osc}(f,x) \geqq r$ となる点を含む小区間の長さの合計を数 δ より小さくできなかったとしたら，$\varphi \leqq f \leqq \psi$ をみたす階段関数 φ と ψ については，つねに
>
> $$S[\psi] - S[\varphi] \geqq r\delta$$
>
> となってしまいます．このとき，リーマンの和は一定の極限値をもちません．

逆に，この条件が成立すれば関数 f が積分できることもわかります．このリーマン積分可能性の条件じたいは，リーマンによって最初から見出されていたのですが，問題は，ここで用いられた，区間上の例外点の分布に関する

「ジョルダン容量ゼロ」の条件

区間 $[a,b]$ の分割を上手にとれば，例外点を含む小区間の長さの合計を，いくらでも小さくできる．

の特徴づけが，正しく理解されなかったことにありました．後の用語で「ジョルダン容量ゼロ」と呼ばれることになるこの条件を，ハンケルは，

「至るところ非稠密」の条件

区間 $[a,b]$ に含まれるどんなに短い区間からも，例外点を1個も含まない部分区間を取り出せる．

と同値であると，誤って主張したのでした．ジョルダン容量ゼロであれば確かに至るところ非稠密なのですが，その逆は成立しないのです．

いっぽう，ハンケルの兄弟子パウル・デュボアレイモンは，「ジョルダン容量ゼロ」を，それよりはるかに強い「階数が有限の閉集合」という条件と同一視してしまいます．

> 「階数が有限」というのは，セクション 3.1 の最後に述べる，拡張されたカントールの定理における点集合 E の条件と一致します．

　まとめると，19 世紀の後半，関数の積分可能性の研究を通じて，区間上の関数が不連続になったり極値をとったりといった例外的な振舞いをする点の分布を調べるという課題が生まれたのですが，あくまで関数を研究対象としてきた従来の解析学には，それに答える手段がなかったことがわかります．区間上の実数の分布について語る方法なしでは先に進めない状況になっていました．時代が新しい数学を必要としていたのです．

　集合論の創始者カントールが登場したのは，そんな時代でした．

chapter 3 実数直線と点集合

カントールは 1870 年に，リーマンが残した三角級数の一意性問題：

異なる 2 つの三角級数が，
まったく同じ関数をあらわすことがあるだろうか

への回答となる次の定理を証明しました．

> **カントールの一意性定理**
>
> 三角級数
> $$\frac{a_0}{2} + \sum_{n=1}^{\infty}(a_n \cos nx + b_n \sin nx)$$
> がすべての実数 x において 0 に収束するのは，係数 a_n と b_n がすべて 0 である場合に限る．

同じ関数を表現する三角級数が 2 つ以上存在することはないという結果が，この定理から直ちに得られます．そのことが，一意性定理という名前の由来になっているのです．

それからカントールは，この定理の「すべての実数 x について」という条件がどの程度緩和できるかを考え，翌 1871 年には

> **定理**
>
> 定義区間 $[-\pi, \pi]$ において,有限個の例外を除くすべての実数で 0 に収束するような三角級数は,その除外された有限個の点においても,やはり 0 に収束する.

という結果を得ました.2つの三角級数が区間 $[-\pi, \pi]$ 上の有限個の点でだけ異なる値をもつ,などということはありえないことが,これでわかります.

カントールは,たとえ $[-\pi, \pi]$ において除外される点が無限個あったとしても,それらがある条件をみたすならば,やはり一意性定理が成立する,という方向へ,定理の拡張を進めます.一意性定理の例外点の分布に対する考察から,カントールは実数の点集合の理論へと進んで行ったのです.

3.1 点集合

実数と直線上の点を同一視すれば,「ある三角級数が収束する点の全体」や「ある関数が連続である点の全体」などは,直線上の点の集まりと考えることができます.実数の集まりのことを,その意味で,カントールは**点集合**と呼ぶことにしました.区間 $[a, b]$ は点集合の例です.ここでは,点集合の基本についておさらいすることにします.

▶ 区間

前の章でも少し扱いましたが,数の区間には 4 種類あります.2 つの数 a と b があり,a のほうが b より小さかった($a < b$)とします.このとき,「a から b まで」という言葉は次の 4 とおりに解釈できます:

- 条件 $a \leqq x \leqq b$ をみたす数 x の範囲:**閉区間** $[a, b]$
- 条件 $a < x < b$ をみたす数 x の範囲:**開区間** (a, b)
- 条件 $a < x \leqq b$ をみたす数 x の範囲:**左半開区間** $(a, b]$
- 条件 $a \leqq x < b$ をみたす数 x の範囲:**右半開区間** $[a, b)$

区間を図示するときには，次のように，区間に含まれない「開いた端」を白丸，含まれる「閉じた端」を黒丸で表示します．

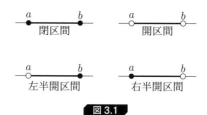

図 3.1

これら 4 とおりの区間の違いといえば，左右の端を含むか含まないかだけなのですが，この違いが思いのほか重大な意味をもっていることが，おいおい明らかになります．

また，4 とおりの区間のいずれについても，両端を除いた部分をその区間の**内部**と呼びます．閉区間 $[a,b]$ の内部も開区間 (a,b) の内部も，開区間 (a,b) に一致します．

▶ 最大の数があるかないか

閉区間 $[a,b]$ と左半開区間 $(a,b]$ には，最大の数 b があります．これは当然ですね．

では開区間 (a,b) に最大の数はあるでしょうか？

そんなものはありません．というのも，開区間 (a,b) の数 x は，$a < x < b$ をみたすので，

$$a < x < \frac{x+b}{2} < b$$

となり，$(x+b)/2$ のほうが，この区間 (a,b) にある，もっと大きい数になるからです．x より大きい数がこの区間にあるのだから x は最大の数ではないことになります．ところが x は区間 (a,b) 上のどの数でもよいわけですから，区間 (a,b) にはもともと最大の数などないのです．

同様の理由で，右半開区間 $[a,b)$ に最大の数がなく，また，開区間 (a,b) や左半開区間 $(a,b]$ には最小の数がないことがわかります．まとめると，

- 閉区間 $[a,b]$ には最大の数と最小の数がある
- 開区間 (a,b) には最大の数も最小の数もない
- 左半開区間 $(a,b]$ には最大の数があって最小の数がない
- 右半開区間 $[a,b)$ には最大の数がなくて最小の数がある

ということになります.

たとえば「最小の正の数」がないことも，同じように考えればわかります. a が正の数（$a>0$）であれば，$a/2$ はそれより小さい正の数ですから，a は最小の正の数ではないのです.

▶ 狭い範囲に無数の数

先ほどの「開区間に最大の数がない」という議論から一歩すすめると，「どの区間も内部に無限に多くの数を含む」ということがわかります.

$$a < \frac{a+b}{2} < \frac{a+2b}{3} < \frac{a+3b}{4} < \cdots < b$$

というぐあいで，自然数 n を大きくすれば，いくらでも多くの

$$\frac{a+nb}{1+n}$$

の形の数が，区間 (a,b) にとれるからです. ですから，どんなに短い区間も，無限に多くの点によって構成されています.

▶ 数列の収束

無限に続く数列の例として，

$$1, \frac{1}{2}, \frac{1}{3}, \ldots, \frac{1}{n}, \ldots \tag{$\star$}$$

を考えてみましょう.

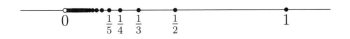

図 3.2

この数列については，次のことがわかります：

正の数 ε をとるとき，
それがどんなに小さな数であっても，
数列（★）の項は，
有限個の例外を除いて，
すべて $-\varepsilon$ と ε の間にある．

このことを，わたくしたちは「数列（★）が数 0 に収束する」と表現します．

文字 ε は「イプシロン」と読まれるギリシャ文字です．ローマ字の e に相当する文字で，集合論の記号に使われている $\in$ と，書き方は違いますが同じ文字です．コーシー以来の習慣で，小さな正の数をあらわすために ε がよく用いられます．

より一般に，次のように，数列の収束を定義します：

定義

無限数列
$$a_1, a_2, \ldots, a_n, \ldots$$
が数 c に**収束する**とは，正の数 ε が与えられるごとに，たかだか有限個の例外を除くすべての 番号 n について，不等式 $|a_n - c| < \varepsilon$ が成立することだとする．このような c が存在するとすればそれはただ 1 つに決まるので，その c を数列 a_n の**極限値**といい
$$\lim_{n \to \infty} a_n$$
であらわす．

高校の数学で数列の極限について学んだ経験のある人の中には，この表現に驚いた人もいるかもしれません．ここで与えた定義は，高校で学んだ「n を限りなく大きくするとき，a_n が c に限りなく近づく」という定義を言い換えたものにすぎず，これで収束ということの意味が変わるわけではないので，安心して

ください.ただ,高校の教科書でいう「限りなく近づく」という言葉を,「与えられた数 ε よりも小さい距離にまで近づいてくる」という,意味がより明確な表現に改めただけです.

▶ 点集合という考え方

たとえば,数列

$$1, \frac{1}{2}, \frac{1}{3}, \ldots, \frac{1}{n}, \ldots$$

を直線上の点の集まり(点集合)と考えるときには,これを中括弧 { } で囲んで

$$\left\{1, \frac{1}{2}, \frac{1}{3}, \ldots, \frac{1}{n}, \ldots\right\}$$

のように書くのが,集合論での習慣になっています.そして,そのような集まりを全体としてひとつの対象と考え,S なら S という名前をつける

$$S = \left\{1, \frac{1}{2}, \frac{1}{3}, \ldots, \frac{1}{n}, \ldots\right\}$$

というのが点集合の理論の始まりです.点集合に属する個々の点すなわち実数は,点集合の要素と呼ばれます.

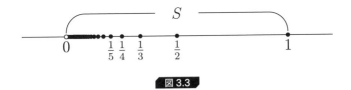

図 3.3

▶ 点集合の集積点

先ほどの点集合

$$S = \left\{1, \frac{1}{2}, \frac{1}{3}, \ldots, \frac{1}{n}, \ldots\right\}$$

には,数 0 は属していません.しかし,分数の列 $1/n$ が 0 に収束するからには,

数 0 のどんな近くにも，点集合 S に属する数が無限に多く集まっています．

また別の例で，$\sqrt{2}$ という数は無理数で，分母・分子が整数の分数の形であらわすことができませんが，

$$\sqrt{2} = 1.414213562373095\cdots$$

ですから，

$$1.4,\ 1.41\ 1.414\ 1.4142\ 1.41421,\ \ldots$$

といった有理数の数列の極限になっています．そのため，$\sqrt{2}$ の近くには，有理数が無限に多く密集しています．

この「点が密集している」ということに，きちんとした定義を与えたのが「集積点」の概念です．

定義

a を実数とし，E を点集合とする．任意に与えられた正の数 ε に対して，E に属する無限に多くの x が存在して，$|x-a|<\varepsilon$ が成立するならば，a は 点集合 E の**集積点**であるという．

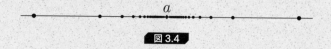

図3.4

ですから数 0 は先ほどの S の集積点です．また無理数 $\sqrt{2}$ は有理数の全体のなす点集合の集積点です．この例のように，集積点はもとの点集合に属していない場合もあります．また，属している場合もあります．たとえば，数 0 は有理数ですが，0 のいくらでも近くに，0 以外の有理数が密集しています．

さて，数 0 は点集合

$$S = \left\{1, \frac{1}{2}, \frac{1}{3}, \ldots, \frac{1}{n}, \ldots\right\}$$

の集積点です．では，0 の他にも，点集合 S の集積点があるでしょうか？

この点集合 S に 0 の他には集積点がないことは，次のように考えればわかります．まず，$a<0$ の場合，$\varepsilon = |a|$ とすれば，不等式 $|x-a|<\varepsilon$ をみたす

x は負の数でなければならないので，点集合 S の点はどれもこの不等式をみたしません．また $a > 1$ の場合は，$\varepsilon = a - 1$ とすれば，不等式 $|x - a| < \varepsilon$ をみたす x はすべて 1 より大きいので，点集合 S の点は 1 個もこの不等式をみたしません．最後に，$0 < a \leqq 1$ であれば，

$$\frac{1}{n+1} < a \leqq \frac{1}{n}$$

となる自然数 n がただ 1 つだけあります．（数 $1/a$ の小数点以下の端数を切り捨てた整数を考えればいいです．）このとき，$\varepsilon = a - \frac{1}{n+1}$ とすれば，S の点のうちで不等式 $|x - a| < \varepsilon$ をみたすものは，あるとしても $\frac{1}{n}$ だけで，無限に多くは存在しません．

つまり，$a < 0$ でも，$a > 1$ でも $0 < a \leqq 1$ でも，a は点集合 S の集積点ではありません．S の集積点は 0 だけなのです．

▶ 点集合の孤立点

先ほどから例にあげている点集合

$$S = \left\{ 1, \frac{1}{2}, \frac{1}{3}, \ldots, \frac{1}{n}, \ldots \right\}$$

では，ひとつひとつの $1/n$ という数は，S に属するけれども，S の集積点ではないという状態になっています．とくに，$\varepsilon = \frac{1}{n} - \frac{1}{n+1}$ とすると，

$$\left| x - \frac{1}{n} \right| < \varepsilon$$

をみたす S の点 x は $1/n$ ただ 1 つということになっています．

一般の場合に，数 p が点集合 E に属し，しかし集積点ではなかったとしましょう．このとき，正の数 ε を十分に小さくとると，不等式 $|x - p| < \varepsilon$ をみたす E の点 x が有限個しか存在しなくなります．いま，そのような x が p 自身の他にあったとしても，どうせ有限個なので，それらのうちで p に一番近いものがあります．その一番近い点を q と呼び，$\varepsilon' = |p - q|$ としましょう．$q \neq p$ なので ε' は正の数ですが，不等式 $|x - p| < \varepsilon'$ をみたす点集合 E の点 x は，今度こそ p 自身だけになってしまいます．

このように，要素だが集積点でない点，というものは，自分の近くに他に仲間がいない，という状態にあるわけです．

定義

点集合 E に属する点 p について,正の数 ε を十分小さくとれば,$|x-p|<\varepsilon$ をみたす E の点 x が p 自身のほかになくなるならば,p は点集合 E の**孤立点**と呼ばれる.

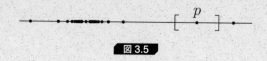

図 3.5

ですから,点集合 E に属する点は,E の集積点であるか,E の孤立点であるか,どちらかです.その逆はどうかというと,E の孤立点は定義からして E の要素ですが,集積点は必ずしもそうでなくて,要素でない集積点が存在することもあります.実際,先ほどの例の点集合 S の場合は,数 0 は S の集積点ですが,S の要素ではありません.

▶ 上界・下界

点集合 E が点集合 F に**含まれる**,というのは,点集合 E の要素がすべて点集合 F の要素でもある,ということです.このことを記号で

$$E \subseteq F$$

と書きます.数の不等号 $\leqq$ の角を丸くしたような記号ですね.実際,集合の「含む・含まれる」の関係は数の大小の関係と少し似ています.たとえば,

- $E \subseteq F$ と $F \subseteq G$ ならば $E \subseteq G$ である
- $E \subseteq F$ と $F \subseteq E$ の両方が成り立つのは $E = F$ のときだけ

といったことです.しかし集合の $\subseteq$ には数の $\leqq$ と違うところもあります.いちばん大きな違いは,

$$E \subseteq F \text{ でないからといって}$$
$$\text{必ずしも } F \subseteq E \text{ になるわけではない}$$

ということでしょう. これは区間 $[0,2]$ と区間 $[1,3]$ を考えればすぐわかります.
たとえば,
$$S = \left\{ 1, \frac{1}{2}, \frac{1}{3}, \ldots, \frac{1}{n}, \ldots \right\}$$
は, この意味で区間 $[0,1]$ に含まれています. つまり
$$S \subseteq [0,1]$$
が成立しています. いっぽう, いま 0 と 1 の間の正の数 d を何かとったとすると, それがどんなに小さくても, $0 < d < 1$ である以上 $1/n < d$ となる自然数 n は必ずあるので, 区間 $[d,1]$ は点集合 S を含みません. つまり
$$S \not\subseteq [d,1]$$
となります.

一般に, 点集合 E が点集合 F に含まれない ($E \not\subseteq F$) というのは,《E に属する点であって F には属しないものが, 少なくとも1個ある》ということです.

さて, いま点集合 E が区間 $[a,b]$ に含まれるなら, E の要素は $[a,b]$ の要素でもあるので, 点集合 E に属する点 x について, 必ず $x \geqq a$ かつ $x \leqq b$ が成立します.

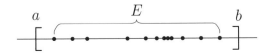

図 3.6 区間に含まれる点集合

点集合 E 全体が, a と b の間に位置する, というわけです. このようなとき, 数 a は E のひとつの**下界**である, 数 b は点集合 E のひとつの**上界**である, というのです.

> **定義**
>
> 数 b が, 点集合 E に属するすべての数 x について $x \leqq b$ をみたすなら, b は点集合 E の**上界**であるという. 数 a が, 点集合 E に属するすべての数 x について $x \geqq a$ をみたすなら, a は点集合 E の**下界**であるという.

上界や下界は，1つあれば無数にあります．先ほどの S の場合，

$$\text{点集合 } S \text{ に属するすべての } x \text{ について，} x \leqq 1$$

だったのですから，

$$\text{点集合 } S \text{ に属するすべての } x \text{ について，} x \leqq 2$$

でもあるし，

$$\text{点集合 } S \text{ に属するすべての } x \text{ について，} x \leqq 100000$$

でもあります．1が点集合 S の上界であれば，2も3も100000もやはり点集合 S の上界です．

　上界が1つ見つかったなら，それより大きい上界を探してもあまり意味がないことがわかりますね．上界を1つ見つけたなら，次には，

$$\text{もっと小さい上界はないか}$$

を考えるべきなのです．同じ理由で，下界を1つ見つけたなら，「もっと小さい下界」は存在するに決まっているので，「もっと大きい下界はないか」が，次に考えるべきことになります．

　さて，それでは，この点集合 S に1より小さい上界はあるでしょうか．

　数1は点集合 S の上界ですが，また点集合 S の要素でもあります．ですから，もしも数 b が1よりちょっとでも小さければ（$b < 1$ であれば），

$$\text{点集合 } S \text{ に属するすべての } x \text{ について，} x \leqq b$$

は成立:し:な:い:ことになります．

　つまり b は点集合 S の上界ではありません．ということは，数1は**最小の上界**だったことになります．

　同じ点集合 S の，今度は下界について考えます．数0は点集合 S の下界でした．もっと大きい下界はあるでしょうか．

実はこれについてはすでに答えを出してあります．d が 0 より大きい数（$d > 0$）だったら，$1/d$ より大きい整数 n を考えることで，$1/n < d$ となります．点集合 S に属する d より小さい数が存在するので，d は S の下界ではありません．点集合 S には 0 より大きい下界はなく，数 0 は**最大の下界**だということになります．

▶ 上限と下限

上界をもつ点集合は**上に有界**な点集合と呼ばれます．また，下界をもつ点集合は**下に有界**な点集合と呼ばれます．単に**有界**な点集合といったら，それは「上に有界であり下に有界でもある」という意味です．

点集合 E が有界であることは，（上界と下界があるということなので）ある区間 $[a, b]$ について $E \subseteq [a, b]$ となることと同値です．

点集合の上界を 1 つ見つけたら，次は「その上界は最小の上界か，あるいはもっと小さい上界があるか」が問題になります．ですから「最小の上界」は，特別な意味のある数です．

定義

点集合 E の最小の上界が・存・在・す・れ・ば，それを E の**上限**といい，

$$\sup E$$

とあらわす．また，点集合 E の最大の下界が・存・在・す・れ・ば，それを E の**下限**といい，

$$\inf E$$

とあらわす．

記号 sup と inf は，それぞれ上限と下限をあらわす原語 supremum と infimum の略記です．

ここで，「最大・最小」と「上限・下限」の違いは，ぜひとも注意してほしい点です．点集合 E の「最大値」とは，E の上界であって，同時に E の要素でもあるような数です．そのような数があれば，それは確かに E の上限に一致します．ですが，上に有界な集合に最大の数がないというのも，まったくありふれ

た現象なのです.それは,先に指摘した,開区間 (a,b) に最大の数がない,ということからもわかります.開区間 (a,b) は確かに有界で,下限 a と上限 b をもちますが,どちらも開区間 (a,b) に属する数ではありません.

▶ 導集合と三角級数の一意性定理の拡張

集積点と孤立点という言葉は,三角級数の一意性定理の拡張を研究する過程で,カントールが作ったものです.

点集合 E の集積点のなす点集合を,カントールは E の **導集合** と呼びました.点集合 E の導集合を,E' と表すことにしましょう.すると,三角級数の一意性定理のカントールによる拡張は,点集合の導集合という概念を使って,次のように述べることができます.

定理

ある三角級数が,定義区間 $[-\pi,\pi]$ に含まれる点集合 E に属しないすべての点で 0 に収束していたとする.もしも,E 自身またはその逐次の導集合

$$E, E', E'', \ldots, E^{(n)}, \ldots$$

のどれかが有限集合であれば,この三角級数は,除外された点集合 E に属する点においても,やはり 0 に収束する.

定理のこの条件をみると,$E^{(n)}$ が有限になるような点集合 E とはどのような集合なのか,とか,$E^{(n-1)}$ は有限ではないが $E^{(n)}$ は有限になるような点集合 E が各 n に対して必ずあるのか,とかいった疑問が湧いてきます.こうして,三角級数から点集合へ,そしてさらに一般の無限集合へと,カントールの関心は広がっていったのです.

人物紹介 ゲオルク・フェルディナント・ルトヴィッヒ・フィリップ・カントール (1845-1918)

ゲオルク・フェルディナント・ルトヴィッヒ・フィリップ・カントールは，ロシアのサンクトペテルブルクの裕福な商人の家に生まれました．母親は音楽家の家系の出身で，カントール自身，趣味でヴァイオリンをよく弾いたといいます．また，カントールが描いたとされる鉛筆でのデッサンも残っており，彼の芸術的なセンスが伝わってきます．

カントールは，はじめはチューリヒに学びますが，後にベルリンに移ります．ベルリン大学でワイエルシュトラス，クンマー，クロネッカーといった人たちに学び，1867年（22歳のとき）に整数論の研究で学位を取り，その2年後にハレ大学で教職につきます．もっと大きな大学，できればベルリン大学で教えたいと願い続けたカントールですが，結局はハレ大学の教授として生涯を終えることになります．

ハレで教職に就いてから，先輩であるハイネの導きに従って，カントールは三角級数の研究に着手します．そのことが，彼の実数論や無限集合論の発見へとつながっていくことは，すでにお話ししたとおりです．

カントールの無限の理論は，当初は数学界に受け入れられず，そのことでカントールはずいぶん悩まされました．それでも，1897年のチューリヒでの国際数学者会議においてフルヴィッツやアダマールといった若い世代の学者たちがカントールの集合論に賛辞を送っていることや，1898年にボレルが集合論の紹介から関数論の講義を始めたことからもわかるとおり，世紀の替わり目ごろになると，カントールの業績は広く認められるようになっていました．ただし不幸なことに，そのころはすでにカントールは心を病んでおり，関心を哲学や神学，あるいは文献学に移してしまっていたといいます．

3.2 実数の連続性の3つの表現

第2章の終わりに指摘したような，関数の理論の混迷した状況を打開して，解析学をきちんとした基礎の上に置こうという活動が，1870年前後に始まりました．その先頭に立ったのは，ベルリン大学で指導的な地位にあったカルル・ワイエルシュトラス (1815-1897) です．彼とその同時代の学者たちの努力によって，それまでの解析学に欠けていた，関数の定義域をなす実数の基礎理論が構築され，

実数のいちばんの特徴がその「連続性」にあることが，次第にはっきりとしてきました．

ここでは，この「連続性」について説明します．実数の連続性はいくつかの方法で表現できます．次の3つが，その代表的なものです．

- **ワイエルシュトラスの連続の原理**：上に有界な点集合には上限が存在する
- **デデキントの切断の原理**：実数の全体を左組と右組に切断するとき，その境界となる数が必ずある
- **カントールの区間縮小法の原理**：長さがゼロにまで縮小していく閉区間の入れ子の列には，ただ1つの共通の要素がある

それぞれを説明しましょう．

▶ ワイエルシュトラスの連続の原理

これは，前節で説明した「上界」と「上限」に関する原理です．「上に有界」とは，上界が存在する，ということでした．また，「上限」とは，最小の上界のことでした．ワイエルシュトラスの連続の原理は，だから，

上界があれば，最小の上界がある

と主張しているのと，同じことになります．ワイエルシュトラスは，これが実数の連続性ということだと考えました．

ワイエルシュトラスの連続の原理から，解析学で有用な次の命題が証明できます．

ワイエルシュトラスの定理

上に有界で単調増加な数列
$$a_1 \leqq a_2 \leqq \cdots \leqq a_n \leqq \cdots$$
は，収束する．

これは次のように考えればよろしい．仮定から，点集合
$$E = \{a_1, a_2, \ldots, a_n, \ldots\}$$
が上に有界なので，連続の原理により上限 $c = \sup E$ が存在します．数列がこの数 c に収束することを示すために，正の数 ε が任意に与えられたとしましょう．このとき，$c - \varepsilon < c$ なので，$c - \varepsilon$ は点集合 E の上界ではありません．（c が最小の上界です．）そこで，ある番号 N で $c - \varepsilon < a_N$ となるわけですが，数列は単調増加なので，
$$c - \varepsilon < a_N \leqq a_{N+1} \leqq a_{N+2} \leqq \cdots$$
と，それ以後の項はすべて $c - \varepsilon$ より大きいことになります．いっぽう，c は E の上界なので，
$$c - \varepsilon < a_N \leqq a_{N+1} \leqq a_{N+2} \leqq \cdots \leqq c < c + \varepsilon$$
となります．こうして，N より先のすべての番号 n について，$|a_n - c| < \varepsilon$ となります．これが証明すべきことでした．

▶ デデキントの切断の原理

デデキントは実数の連続性をつぎのようにとらえました．実数の全体を 2 つの点集合 A と B に分けて，

1. どの実数も A と B のどちらか一方だけに入る
2. A に属するどの数 a も，B に属するどの数 b よりも小さい（$a < b$）

となるようにしたと考えます．このとき A と B の組を，**実数の切断**といい，A をこの切断の**左組**，B をこの切断の**右組**と呼びます．

たとえば左組 A を負の数の全体からなる点集合，右組 B を正の数の全体と 0 からなる点集合とすると，これは実数のひとつの切断になっています．A を負の数の全体，B を正の数の全体としたのでは，0 がどちらにも入らないので，切断の条件をみたしません．

ひとつひとつの実数 a は，2 種類の切断を定めます．すなわち，

- 左組が a 以下のすべての実数のなす点集合,右組が a より真に大きいすべての実数のなす点集合であるような切断,あるいは
- 左組が a より真に小さいすべての実数のなす点集合,右組が a 以上のすべての実数のなす点集合であるような切断

の2つです.

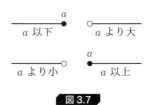

図 3.7

つまり,境界となる実数 a を左組に入れるか右組に入れるかだけの違いですね.

では,この他の切断のしかたはありうるでしょうか.切断を,左組と右組の境界の様子によって,次の4とおりに場合わけしましょう:

(a) 左組に最大要素があり,右組に最小要素がない切断
(b) 左組に最大要素がなくて,右組に最小要素がある切断
(c) 左組に最大要素があり,右組に最小要素がある切断
(d) 左組に最大要素がなくて,右組に最小要素がない切断

先ほど述べた,実数 a が定める切断2とおりの切断は,このうち (a) と (b) の場合に相当しますね.また (c) の場合が起こりえないこともわかります.

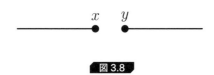

図 3.8

左組に最大要素 x があり右組に最小要素 y があったとしたら,$x < y$ なのですが,その中間にある数 $(x+y)/2$ を右組にも左組にも入れられないからです.

では，最後の(d)のタイプの切断はあるでしょうか．

図 3.9

このような切断があるとすれば，実数はどこかに「穴」があいていて，そこで左右に切り離されてしまう，文字通り，切断されてしまいます．

実数の切断においては(d)のタイプがありえない，というのが，デデキントの切断の原理です．

実数の切断には(a)と(b)のタイプしかない．つまり，必ず「ある実数を境界として」左右に切断していることになる．それが実数の連続性だ，とデデキントはいうのです．これは，実数の直線には穴があいていない，という主張だと考えることもできます．

デデキントの切断の原理がワイエルシュトラスの連続の原理と同値であることは，比較的たやすく証明できます．

(切断の原理から連続の原理が導かれること)
　上に有界な点集合 E が与えられたときに，E の上界であるような数の全体を右組 B とし，それ以外の数の全体を左組 A とすれば実数の切断が得られます．この切断は(a)のタイプの切断ではありません．というのも，実数 a が左組 A に属するなら，a は点集合 E の上界でないので，$a < x$ をみたすような E の点 x が存在するわけですが，a と x の中間の点 $(a+x)/2$ は，a より大きいけれども x より小さいのでこれも E の上界でなく切断の左組に属することになります．したがって a より大きい左組の要素は確かに存在し，a は左組の最大要素でないわけです．ですからどの a も左組の最大要素でない．左組には最大要素がないのです．そこで，この切断は(a)のタイプではなく，(d)または(b)でないといけませんが，切断の原理によれば(d)のタイプの切断はありえないので，(b)のタイプということになり，右組の最小要素が存在します．B の作り方から，これはまさしく E の最小の上界です．

(連続の原理から切断の原理が導かれること)
　与えられた切断の左組が上に有界な点集合になるので，その最小の上界が存在することになります．この最小の上界が左組に属すれば切断は(a)のタイプ，右組に属すれば(b)のタイプです．

このように考えると，デデキントの切断の原理はワイエルシュトラスの連続の原理の言い換えにすぎず，新味がないように思えます．実は，切断の原理は，この原理をみたすように「実数の全体」を構成するときにその真価を発揮します．デデキントは，「有理数の切断」のことを実数と呼ぼうという「実数の定義」を提唱したのです．これについては，セクション 4.3 で詳しく述べます．

▶ カントールの区間縮小法の原理

いま，だんだんと小さくなっていく閉区間の「入れ子」の列

$$[a_1, b_1] \supseteq [a_2, b_2] \supseteq \cdots \supseteq [a_n, b_n] \supseteq \cdots$$

があれば，区間の両端については，

(i) $a_1 \leqq a_2 \leqq \cdots \leqq a_m \leqq \cdots$
(ii) $b_1 \geqq b_2 \geqq \cdots \geqq b_n \geqq \cdots$
(iii) すべての番号 m と n について $a_m < b_n$

というぐあいに，a_m たちは単調増加数列，b_n たちは単調減少数列をなします．そのうえ，全体として a_m たちは b_n たちより左側に位置しているので，a_m たちは上に有界，b_n たちは下に有界です．このとき，先ほど述べた有界単調数列に関するワイエルシュトラスの定理によると，a_m はその上限に，b_n はその下限に収束することになります．いま仮に，それぞれの極限を

$$a = \lim_{m \to \infty} a_m, \quad b = \lim_{n \to \infty} b_n$$

と書くことにしましょう．すると，$a \leqq b$ となることがわかります．というのも，条件 (iii) によると，どの b_n もそれぞれ，a_m たちのなす点集合の上界になっていて，いっぽう，a は a_m たちのなす点集合の上限，すなわち最小の上界なので，$a \leqq b_n$ となります．これはつまり a が b_n たちのなす点集合の下界だということを意味します．ところが，この点集合の最大の下界が b だというのですから，$a \leqq b$ となるわけです．

この極限値 a や b は，すべての番号 n について $a_n \leqq a \leqq b \leqq b_n$ をみたすので，すべての $[a_n, b_n]$ に属する共通の要素ということになります．

条件 (i) - (iii) に加えて，さらに区間 $[a_n, b_n]$ の長さが限りなく小さくなる，

という条件

(ⅳ) $\lim_{n\to\infty}(b_n - a_n) = 0$

が成立しているなら，$a = b$ となって，この 1 つの数がすべての $[a_n, b_n]$ に共通に属するただ 1 つの共通要素ということになります．

以上の考察をまとめると，次のことがいえます．

区間縮小法の原理

閉区間の入れ子の列

$$[a_1, b_1] \supseteq [a_2, b_2] \supseteq \cdots \supseteq [a_n, b_n] \supseteq \cdots$$

において，

$$\lim_{n\to\infty}(b_n - a_n) = 0$$

が成立するならば，この区間列はただ 1 つの共通要素をもつ．

この命題を，わたくしたちはワイエルシュトラスの連続の原理から導いたわけですが，カントールはこれが実数の連続性のもうひとつの表現になっていることを見抜きました．

ここでは，区間縮小法の原理からデデキントの切断の原理を導きます．

（区間縮小法の原理から切断の原理を導く）

実数の切断が与えられたとします．左組から要素 a_1 をとり，右組から要素 b_1 をとれば，$a_1 < b_1$ です．

両者の中間の数 $c_1 = (a_1 + b_1)/2$ が切断の左組と右組のどちらに入るか考えましょう．c_1 が左組に入るなら，$a_2 = c_1$ とし $b_2 = b_1$ とします．c_1 が右組に入るなら，$a_2 = a_1$ とし $b_2 = c_1$ とします．いずれの場合も，$[a_2, b_2]$ は $[a_1, b_1]$ に含まれ，長さはその半分になります．a_2 は切断の左組に入り，また b_2 は右組に入ります．

いま，$[a_n, b_n]$ が与えられて，a_n が切断の左組，b_n が切断の右組に入っている，という状況だったとします．この区間 $[a_n, b_n]$ の中点 $c_n = (a_n + b_n)/2$ が，同じ切断の左組に入るならば，$a_{n+1} = c_n$，$b_{n+1} = b_n$ と

し，c_n が右組に入る場合は，$a_{n+1} = a_n$，$b_{n+1} = c_n$ とします．すると区間 $[a_{n+1}, b_{n+1}]$ は $[a_n, b_n]$ に含まれ，長さはその半分になります．

この操作を繰り返して，区間の入れ子

$$[a_1, b_1] \supseteq [a_2, b_2] \supseteq \cdots \supseteq [a_n, b_n] \supseteq \cdots$$

を作ると，$[a_n, b_n]$ の長さ $b_n - a_n$ は $2^{-n+1}(b_1 - a_1)$ で，これは n を大きくすると 0 に近づくので，区間縮小法の原理により，これらの区間はただ 1 つの共通要素をもちます．この要素を c としましょう．

この c は切断の左組か右組のどちらかに入ります．

仮に c が切断の左組に入っていたとして，c よりも大きい数 d を考えましょう（$c < d$）．これに対して，$[a_n, b_n]$ の長さが $d - c$ よりも短かくなるような n があって，そのとき $c \leqq b_n < d$ となっています．いま b_n は切断の右組に入っているのですから，それより大きな d もやはり右組に入らねばなりません．c より大きい数はすべて切断の右組に入る，ということは，c は切断の左組の最大要素ということになります．

また，c が切断の右組に入っている場合には，同様の考察により，c が切断の右組の最小要素になっています．

こうして，実数の切断には左組の最大要素または右組の最小要素が存在することが，区間縮小法の原理から導き出されました．

（用心深い人のための補足）

　この証明では，数列 $2^{-n+1}(b_1 - a_1)$ がゼロに収束することを利用しています．これは，自然数の全体 $\mathbb{N}$ が上に有界でないという事実の結果であり，連続の原理や切断の原理からは証明できますが，区間縮小法の原理からは証明できません．そこで，正確にいえば，区間縮小法に命題「$\mathbb{N}$ が上に有界でない」を合わせて，はじめて連続の原理と同値になるのです．

3.3 | 実数は可算でない

点集合というのは，なんらかの理由でひとまとめに考えられた，実数直線上の点の集まりのことをいうのでした．点集合のもっとも重要な例が，閉区間・開区間・半開区間といった区間と，数列のすべての項をひとまとめに考えた

$$\{x_1, x_2, x_3, \ldots\}$$

の形の点集合です．これら，区間と点列が，点集合概念の2とおりの原イメージになっているといえるでしょう．そうすると，**点集合として見た場合，区間と点列とは本当に別物か**，というのは，まったく自然な問題です．

カントールは1874年に，「0と1の間の実数のすべてを数列 $x_1, x_2, \ldots$ の形で取り尽くすことはできない」ことを発見します．

▶ 可算な点集合

特定の点集合がもつ，「すべての要素を数列によって取り尽くせる」という性質に，名前をつけましょう．

実数の無限列

$$x_1, x_2, \ldots, x_n, \ldots$$

の項の全体のなす点集合

$$\{x_1, x_2, \ldots, x_n, \ldots\}$$

のことを，**可算**な点集合と呼びます．「可算」といっても，「数え切れる」という意味ではありません．要素の全体に，正の整数の通し番号がつけられる，「数え上げられる」集合という意味です．

有限個の点からなる点集合は可算です．たとえば $\{0, 1\}$ とか，$\{1, 2, 3\}$ は，それぞれ

$$0, 1, 0, 1, 0, 1, \ldots \quad \text{とか} \quad 1, 2, 3, 1, 2, 3, \ldots$$

といった無限列によって数え上げられています．

▶ 有理数の全体は可算

分母が n の分数は0と1の間には

$$\frac{1}{n} \quad \frac{2}{n} \quad \ldots \quad \frac{n-2}{n} \quad \frac{n-1}{n}$$

という $n-1$ 個だけなので，分母が n より小さい分数をすべて並べたあとにこの $n-1$ 個を並べて

$$\frac{1}{2} \quad \frac{1}{3} \quad \frac{2}{3} \quad \frac{1}{4} \quad \frac{2}{4} \quad \frac{3}{4} \quad \frac{1}{5} \quad \frac{2}{5} \quad \frac{3}{5} \quad \frac{4}{5} \quad \cdots$$

という順番で数え上げていけば，これで0と1の間のすべての有理数を取り尽くすことができます．0と1の間の有理数の全体は可算，というわけです．

また，有理数の全体のなす点集合も可算です．分数 a/b を $|a|+b$ の値でグループ分けし，同じグループでは分子の小さい順に並べるようにして，小さいグループから順に数え上げていくことで，有理数すべてを取り尽くす数列が作れます．

表 3.1

$|a|+b$	分数						
1	0/1						
2	−1/1	0/2	1/1				
3	−2/1	−1/2	0/3	1/2	2/1		
4	−3/1	−2/2	−1/3	0/4	1/3	2/2	3/1
				⋮			

▶ 代数的な実数と超越的な実数

有理数の全体が可算であることを証明したカントールは，さらに一歩を進めて，代数的実数の全体，すなわち整数を係数とする代数方程式の解になっているような実数の全体も可算であることを証明します．

無理数のなかには，

- $\sqrt{2}$ は2次方程式 $X^2 - 2 = 0$ の解
- $\sqrt[3]{2-\sqrt{3}} + \sqrt[3]{2+\sqrt{3}}$ は3次方程式 $X^3 - 3X - 4 = 0$ の解
- $\sqrt{2}+\sqrt{3}$ は4次方程式 $X^4 - 10X^2 + 1 = 0$ の解

というように，整数を係数とする代数方程式の解として得られるものが多数あります．一般に，$a_0, a_1, \ldots, a_{n-1}, a_n$ （ただし $a_0 \neq 0$）を整数として，

$$a_0 X^n + a_1 X^{n-1} + \cdots + a_{n-1} X + a_n = 0$$

という方程式の解になるような実数 X のことを**代数的な実数**といいます．

もちろん無理数だけが代数的な実数なのではありません．分数 a/b は

$$bX - a = 0$$

という 1 次方程式の解なので，これも代数的な実数です．

代数的な実数どうしを足しても引いても，掛けても割っても，やはり結果は代数的な実数になります．また，代数的な実数を係数とする方程式の解も，それが実数であれば，代数的な実数です．ですから，加減乗除の四則演算と代数方程式を解くという操作だけでは，代数的な実数の範囲を超えた実数を作ることはできないわけです．

いっぽう，円周率 π や，自然対数の底 e といった数は，

$$\pi = 4 \int_0^1 \sqrt{1-x^2}\, dx, \quad e = \lim_{n \to \infty} \left(1 + \frac{1}{n}\right)^n$$

といった積分や極限値による定義で与えられる実数ですが，これらを解とする整数係数の代数方程式は存在しないことがわかっています．このような実数，代数的でない実数のことを**超越的な実数**と呼ぶのです．

超越的な実数が存在することは，予想としては古くから考えられていましたが，具体的な例は 1844 年にジョゼフ・リウーヴィルによって初めて与えられました．リウーヴィルの与えた結果によると，無限級数

$$\frac{1}{10} + \frac{1}{10^2} + \frac{1}{10^6} + \frac{1}{10^{24}} + \cdots + \frac{1}{10^{2 \times 3 \times \cdots \times n}} + \cdots$$

であらわされる実数は超越的な実数です．これは少しばかり人工的な感じのする例ですが，自然対数の底 e が超越的な実数であることが 1873 年にシャルル・エルミートによって，また円周率 π が超越的な実数であることが 1882 年にフェルディナント・リンデマンによって，それぞれ証明されました．このような具体的に与えられた実数が代数的であるか超越的であるかを判定するのは，一般に大変困難な問題です．

ところが，カントールは「代数的実数全体の一性質について」と題された 1874 年の論文で「代数的な実数の全体は可算である」こと，そして「実数の全

体は可算でない」ことを証明して、超越的な実数が非常にたくさんあることを，間接的に明らかにしたのです．

▶ 代数的な実数の全体は可算

まず，ひとつひとつの n 次の代数方程式

$$a_0 X^n + a_1 X^{n-1} + \cdots + a_{n-1} X + a_n = 0 \tag{E}$$

の解の個数は n 個以下であることに注意します．

方程式 (E) に対してその**高さ** H を

$$H = n + |a_0| + |a_1| + \cdots + |a_{n-1}| + |a_n|$$

と定義します．先ほど例に挙げた方程式ですと

- 2次方程式 $X^2 - 2 = 0$ の高さは $2 + 1 + 0 + 2 = 5$
- 3次方程式 $X^3 - 3X - 4 = 0$ の高さは $3 + 1 + 0 + 3 + 4 = 11$
- 4次方程式 $X^4 - 10X^2 + 1 = 0$ の高さは
  $4 + 1 + 0 + 10 + 0 + 1 = 16$

となるわけです．

整数を係数とする代数方程式を，高さ H の値によってグループ分けすると，それぞれのグループに属する方程式の個数は有限個です．そして，その有限個の方程式のそれぞれが有限個の解しかもたないのですから，それら有限個の実数解を小さい順に並べたブロックを高さの小さいグループから順に一列に並べることで，代数的な実数のすべてを取り尽くす数列が作れます．

▶ 実数の全体は可算でない

実数全体が可算でないことの発見こそが独立した研究分野としての集合論の誕生を記す大事件だったといえます．

定理

数列
$$x_1, x_2, \cdots, x_n, \cdots$$
が，区間 $[0,1]$ に属するすべての実数を取り尽くすことはない．言い換えれば，区間 $[0,1]$ は可算でない．

ここで紹介する証明は「集合と位相」の通常のテキストにあるものとは違います．カントールの発見した最初の証明はここで述べるように区間縮小法の原理を直接応用するものでした．

カントールは次のようにしてこの定理を証明しました．$a_0 = 0$，$b_0 = 1$ とおきます．数列

$$x_1, x_2, \cdots, x_n, \cdots$$

の項のうち，開区間 (a_0, b_0) に属するものが全然ないか，あるいは 1 つしかないとすると，これで証明は済んだことになります．なぜなら，開区間 (a_0, b_0) には無数の実数があることをわれわれはすでに知っているからです．そこで，(a_0, b_0) には数列 $\{x_i\}_{i=1}^{\infty}$ の項が 2 つ以上属するとしましょう．

$$a_0 < x_i < b_0, \quad a_0 < x_j < b_0, \quad x_i \neq x_j$$

そのような 2 つの項 x_i，x_j のうち，もっとも番号の若い（添字 i や j が小さい）2 つをとります．x_i と x_j の小さいほうを a_1 とし，大きいほうを b_1 とします．また，このときの添字 i と j のうち大きいほうを k_1 とします．このとき，数列 $\{x_i\}_{i=1}^{\infty}$ の項のうち a_1 と b_1 の間に挟まれるものは，どれも添字が k_1 よりも大きなものになっています．次に区間 (a_1, b_1) について先ほどと同様に考えます．この開区間に数列 $\{x_i\}_{i=1}^{\infty}$ の項が全然ないか 1 つしかないなら証明は済んだことになります．そうでない場合，(a_1, b_1) に属する 2 つの等しくない項がとれます．

$$a_1 < x_i < b_1, \quad a_1 < x_j < b_1, \quad x_i \neq x_j$$

そのような2つの項 x_i と x_j のうち，もっとも番号の若い2つをとって，小さいほうを a_2，大きいほうを b_2 とします．またこのときの添字 i と j のうち大きいほうを k_2 とします．

この操作が際限なくくり返されたとしましょう．すると，実数の2つの数列 $\{a_n\}_{n=0}^{\infty}$ と $\{b_n\}_{n=0}^{\infty}$ が

- $a_0 < a_1 < a_2 < \cdots < a_n < \cdots$
- $b_0 > b_1 > b_2 > \cdots > b_n > \cdots$
- すべての n で $a_n < b_n$

となるようにとれ，さらに整数の増加列

$$k_1 < k_2 < \cdots < k_n < \cdots$$

を，

- $a_n < x_i < b_n$ であるような添字 i は k_n より大きい

という条件をみたすようにとれます．

さて，セクション3.2で述べたワイエルシュトラスの定理を思い出しましょう．数列 $\{a_n\}_{n=0}^{\infty}$ は上に有界な単調増加数列，数列 $\{b_n\}_{n=0}^{\infty}$ は下に有界な単調減少数列になっていますので，ワイエルシュトラスの定理により，それぞれ極限値をもちます．そこで

$$a = \lim_{n \to \infty} a_n, \quad b = \lim_{n \to \infty} b_n$$

としましょう．このとき $a \leqq b$ です．

もしも $a = b$ だったらこの等しい値を x と呼び，もしも $a < b$ だったら，a と b の間にある数，たとえば $(a+b)/2$ を x としましょう．このとき，すべての番号 n について

$$a_n < x < b_n$$

となっています．

さて，こうして得られた実数 x は数列 $\{x_i\}_{i=1}^{\infty}$ の項として現われるでしょうか．ここで，

- $a_n < x_i < b_n$ だったら $i \geqq k_n$

だったことを思い出しましょう．整数列 $\{k_n\}_{n=1}^{\infty}$ は

$$k_1 < k_2 < \cdots < k_n < \cdots$$

と単調増加していたので，

k_1 は正の整数なので $k_1 \geqq 1$,

$k_2 > k_1 \geqq 1$ なので $k_2 \geqq 2$,

$k_3 > k_2 \geqq 2$ なので $k_3 \geqq 3$,

$$\vdots$$

という具合に，すべての n で $k_n \geqq n$ となっています．とすると，

$$\text{すべての } n \text{ で } a_n < x_i < b_n$$

となるような添字 i は

$$\text{すべての } n \text{ で } i \geqq n$$

となっていなければならないことになります．しかし i も n も正の整数ですから，こんなことはありえません．したがって，先ほどの x は数列 $\{x_i\}_{i=1}^{\infty}$ の項としては現われない実数であるということになります．区間 $[a_0, b_0]$ にこのような実数 x がとれたので，数列 $\{x_i\}_{i=1}^{\infty}$ が区間 $[a_0, b_0]$ の実数を取り尽くしていないことが証明されました．

ここでは区間 $[0, 1]$ を出発点にとって考えましたが，両端が 0 と 1 であるということは，証明での議論にまったく関係ありませんでした．ですから，同様の証明で，**実数のどんな区間も可算ではない**，ということがわかります．

いっぽう，代数的な実数を取り尽くす数列が作れることは先に示したとおりです．そのような数列の項として現われる数をある区間 $[p, q]$ からすべて取り去っても，その数列が区間の点すべてを取り尽くすことはありえないので，無数に点が残っているはずです．残った点はすべて超越的な実数ですから，超越的な実数はどんな区間内にもたくさんあるわけです．

chapter 4 平面と直線は同じ大きさ？

4.1 集合の用語と記号

　必要に応じて参照できるように，数学に使われる集合の言葉と記号について手短にまとめてしまいましょう．ここはどうしても教科書風の無味乾燥な記述になってしまいます．くれぐれもすべてを一度に理解しようとか，ましてや暗記しようなどと考えないでください．そもそも暗記せずに済ませるためにリファレンスをまとめようとしているのですから．

表 4.1

記号	読み方，意味
$\in$	所属関係記号．
$a \in A$	対象 a は集合 A の要素である．a は A に属する．
$a \notin A$	a は A の要素でない．a は A に属しない．
$\{a, b, c\}$	要素 a と b と c からなる集合．
$\{x \mid 条件\}$	条件をみたす x 全体のなす集合．
$A \subseteq B$	集合 A は集合 B の部分集合である．A は B に含まれる．
$A \nsubseteq B$	集合 A は集合 B の部分集合でない．A は B に含まれない．
$\mathbb{N}$	自然数全体．1 以上の整数の集合．
$\mathbb{Z}$	整数全体．
$\mathbb{Q}$	有理数全体．
$\mathbb{R}$	実数全体．
$\mathbb{C}$	複素数全体．
$\emptyset$	空集合．要素を 1 つももたない集合．

表 4.2

記号	読み方，意味
$A \cap B$	集合 A と集合 B の共通部分．A と B の交わり．
$A \cup B$	集合 A と集合 B の和集合．A と B の合併．
$A \setminus B$	A マイナス B．A と B の差．
$\langle a, b \rangle$	対象 a と b のつくる順序対．
$A \times B$	集合 A と集合 B の直積．
$\mathcal{P}(A)$	集合 A の冪集合．
$f : A \to B$	f は集合 A から集合 B への写像である．
B^A	集合 A から集合 B への写像全体の集合．
$^A B$	上に同じ．

▶ 集合と要素

$a \in A$ と書いて「対象 a は集合 A の要素である」あるいは「a は A に属する」と読みます．

> 現代的な見方をするならば，"集合" とは要するにこの $\in$（所属関係記号）の右側に来れる何かのことです．$\in$ の左側，要素になる側に来るものについてはとくに制限はなく，数学的にきちんと確定した対象であればなんでもよいのです．

所属関係の否定は $\notin$ と書かれます．$a \notin A$ は「対象 a は集合 A の要素ではない」あるいは「a は A に属しない」です．

例 実数の全体を，数学での習慣どおり $\mathbb{R}$ と書いたとすると，

$$a \in \mathbb{R}$$

は，「a はひとつの実数である」と読めるわけです．数 4 や $\sqrt{2}$ や円周率 π は実数ですが虚数単位 $\sqrt{-1}$ は実数でないので

$$4 \in \mathbb{R}, \quad \sqrt{2} \in \mathbb{R}, \quad \pi \in \mathbb{R}, \quad \sqrt{-1} \notin \mathbb{R}$$

となっています．

所属関係記号 $\in$ はギリシャ文字の ϵ によく似ていて、「イプシロン」と読まれますが、記号の由来はラテン文字の e です．ギリシャ・ラテン系の諸言語（ギリシャ語・ラテン語・イタリア語・フランス語・スペイン語・ポルトガル語・ルーマニア語など）で、英語の be 動詞に相当する繋辞動詞の直説法三人称単数現在形がいずれも e で始まることから、"～は…である"の略記法として、ジュゼッペ・ペアノが導入したものです．

▶ 中カッコ記法（1）

集合を具体的に定義するには 2 つの方法があります．まず、単に要素を列挙するものです．a と b と c を要素とし、それらだけからなる集合は

$$\{a, b, c\}$$

のように、要素の並びを中カッコでくくることで表現されます．

日本三景は

$$\{松島, 天橋立, 宮島\}$$

四天王は

$$\{持国天, 増長天, 広目天, 多聞天\}$$

七福神は

$$\{恵比須神, 大黒天, 毘沙門天, 弁財天, 福禄寿, 寿老人, 布袋和尚\}$$

▶ 中カッコ記法（2）

何か特定の条件をみたすもの全体の集合をあらわすには、

$$\{x \mid x についての条件\}$$

のように、中カッコ内に仮の名前である変数（ここでは x ）とその変数のあらわすものについての条件を書き、間を縦棒で区切ります．ですから、集合 A が

$$A = \{x \mid x は条件 P をみたす\}$$

と与えられたとしたら，すべての対象 a について

$$a \in A \iff a \text{ は条件 P をみたす}$$

が成立するわけです．このように対象についての性質ひとつひとつについて，その性質をもつ対象の全体からなる集合が対応します．このことを**内包性の原理**といいます．

 先ほどの実数の全体 $\mathbb{R}$ は，

$$\{\, x \mid x \text{ は実数} \,\}$$

と書けます．また，2 つの実数 a と b を両端とする区間についても

$$[a,b] = \{\, x \mid x \in \mathbb{R},\ a \leqq x \leqq b \,\}$$
$$[a,b) = \{\, x \mid x \in \mathbb{R},\ a \leqq x < b \,\}$$
$$(a,b] = \{\, x \mid x \in \mathbb{R},\ a < x \leqq b \,\}$$
$$(a,b) = \{\, x \mid x \in \mathbb{R},\ a < x < b \,\}$$

と書けます．

このようなとき，

$$[a,b] = \{\, x \in \mathbb{R} \mid a \leqq x \leqq b \,\}$$

のように条件の一部が縦棒の左側にはみ出してくることがあります．また，区切りに縦棒のかわりにコロンやセミコロンを使って

$$\{\, x \in \mathbb{R} : a \leqq x \leqq b \,\} \quad \{\, x \in \mathbb{R}; a \leqq x \leqq b \,\}$$

のように書く流儀もあります．このあたりのことは，書き手の癖のようなものもあって一貫したルールがないので困ります．ここではひとまず原則をしっかり理解することを優先させましょう．

また，変数として x を用いたのにも，特別な理由はありません．

$$[a,b] = \{\, y \mid y \in \mathbb{R},\ a \leqq y \leqq b \,\}$$

でもいいし，

$$[a,b] = \{\, t \mid t \in \mathbb{R},\ a \leqq t \leqq b \,\}$$

でも，どんな文字でもよいのです．結果として得られる集合はこの記法に用いられる文字に関係なく同じ集合とみなされます．（もちろん，どんな文字でもいいといっても，この例の場合は a や b はさすがにマズいですね.）

▶ 集合の等しさ

 同じであるとはどういうことか，改めて定義するというのも変な話ですが，2つの集合 A と B がイコールである（$A = B$ が成立する）のは，A の要素がすべて B の要素でもあり，逆に B の要素がすべてまた A の要素でもある，という意味で A と B の要素が全体として完全に一致する場合です．このことを**集合の外延性の原理**といいます．ですから，集合の等式 $A = B$ を証明するさいには，まず

集合 A の要素 a が任意に与えられたとして，$a \in B$ を示す

そして

集合 B の要素 b が任意に与えられたとして，$b \in A$ を示す

という2段構えの議論が，いつも必要になります．
 裏を返せば，A と B が異なる集合であるというのは，

$a \in A$ と $a \notin B$ をみたす対象 a が存在するか，
または $b \in B$ と $b \notin A$ をみたす対象 b が存在する

というのと同じことです．

▶ 集合の包含関係，部分集合

 集合 A の要素がすべてまた集合 B の要素でもある場合には，

$$A \subseteq B$$

と書いて，「A は B に**含まれる**」とか「A は B の**部分集合**である」といいます．

ですから前のパラグラフで述べた集合のイコールの定義は，
$$A = B \text{ とは } A \subseteq B \text{ かつ } B \subseteq A \text{ のこと}$$
といってもよいわけです．

集合 A が集合 B の部分集合でないことは $A \not\subseteq B$ と書かれます．これは「A に属するが B には属しないような対象が少なくとも 1 個存在する」ということを意味します．

$$\{1\} \subseteq \{1, 2\} \subseteq \{1, 2, 3\}$$
$$\{1\} \subseteq \{1, 3\} \subseteq \{1, 2, 3\}$$

であるいっぽう，

$$\{1, 2\} \not\subseteq \{1, 3\}, \quad \{1, 3\} \not\subseteq \{1, 2\}$$

となっています．

本書では「含まれる」を，部分集合の意味でしか使いませんが，著者によっては，$a \in A$ という要素の意味でも「a が A に含まれる」を使うことがあります．また $A \subseteq B$ のときに A が B に「包まれる」ということもあります．用法に矛盾がなく用語が統一されているほうがいいに決まってはいるのですが，言語の標準化なんてものは強制的にやろうとしてもうまくいかないのが常ですし，かといって，自然に落ち着くのを待っていてもいつになるかわかりません．現にいろいろな言い方が流通してしまっている以上，混乱しないように読む側で注意する他ありません．

▶ 数の集合 $\mathbb{N}, \mathbb{Z}, \mathbb{Q}, \mathbb{R}, \mathbb{C}$

自然数（1 以上の整数）全体の集合を $\mathbb{N}$ と書きます．$\underline{\text{N}}$atural Numbers の N，または Natural $\underline{\text{N}}$umbers の N のどちらが起源かはわかりません．

整数の全体を $\mathbb{Z}$ と書きます．数のことをドイツ語で die $\underline{\text{Z}}$ahl といいますから，それが起源でしょう．

有理数（整数の分数であらわされる数）の全体を $\mathbb{Q}$ と書きます．割り算の商を意味する $\underline{\text{Q}}$uotient に由来すると思われます．

前にも触れたとおり，実数の全体は $\mathbb{R}$ と書かれます．$\underline{\text{R}}$eal Numbers ですね．

複素数とは 2 つの実数 x と y から $x + y\sqrt{-1}$ の形で作られる 2 次元の数で

す．その全体は $\mathbb{C}$ であらわします．Complex Numbers の C です．

これらについて，包含関係

$$\mathbb{N} \subseteq \mathbb{Z} \subseteq \mathbb{Q} \subseteq \mathbb{R} \subseteq \mathbb{C}$$

が成立します．どの $\subseteq$ も等号にはなりません．

▶ 空集合

要素をただの 1 個ももたない集合を空集合と呼びます．これを $\emptyset$ と書きます．要素のない集合なんて，そんなものにはどうせろくな使い道がないだろうと思いきや，集合論に限らず数学全般において空集合はなかなかの働きものです．

どんな集合 A に対しても，「空集合のすべての要素は A の要素でもある」は真になります．そうでないとすれば，$\emptyset$ に属するが A に属しない対象を見つけなければなりませんが，空集合に要素はもともとないのですから．包含関係

$$\emptyset \subseteq A$$

はすべての集合 A に対して必ず成立するのです．

▶ 共通部分と和集合と差集合

2 つの集合 A と B の両方に属する対象のすべてからなる集合を A と B の**共通部分**あるいは A と B の**交わり**といい，$A \cap B$ であらわします．中カッコ記法で定義すれば

$$A \cap B = \{\, x \mid x \in A \text{ かつ } x \in B \,\}$$

というわけです．交わり $A \cap B$ は A の部分集合であり，また B の部分集合でもあります．

また，2 つの集合 A と B の少なくとも一方に属する対象のすべてからなる集合を A と B の**和集合**あるいは A と B の**合併**といい，$A \cup B$ であらわします．中カッコ記法で定義すれば

$$A \cup B = \{\, x \mid x \in A \text{ または } x \in B \,\}$$

というわけです．A も B も，和集合 $A \cup B$ の部分集合です．

例 $A=\{0,1,2\}$ とし $B=\{1,2,3\}$ とすると,
$$A\cap B=\{1,2\},\quad A\cup B=\{0,1,2,3\}$$
となります.

さらに，2つの集合 A と B のうち，A に属し B に属しない対象のすべてからなる集合を A から B を引いた**差集合**といい，$A\setminus B$ であらわします．中カッコ記法で定義すれば
$$A\setminus B=\{\,x\mid x\in A\text{ かつ } x\notin B\,\}$$
ということになります．$A\setminus B$ は A の部分集合であり，また B と互いに交わりません．$A=B$ である場合のほかは $A\setminus B$ と $B\setminus A$ は異なります．

例 $A=\{0,1,2\}$ とし $B=\{1,2,3\}$ とすると,
$$A\setminus B=\{0\},\quad B\setminus A=\{3\}$$
となります．

▶ 順序対と直積

2つの対象 a と b を並べた $\langle a,b\rangle$ を a と b の**順序対**といいます．これは単にこの2つで決まる何か，というだけです．

> この $\langle a,b\rangle$ という対象をどうやって作るのか，とか，ある対象が別の2つの対象の順序対であるかどうかどうやって知るのか，というような問題は気にしだすと気になりますし，ちゃんと答も用意されているのですが，いまはそれを知らなくても大丈夫なので，先を急ぐことにします．

順序対 $\langle a,b\rangle$ の a のことを**左成分**といい，b のことを**右成分**ということにしましょう．2つの順序対が等しいのは，両者の左成分どうし，右成分どうしがそれぞれ等しい場合だけです．つまり，$\langle a,b\rangle=\langle c,d\rangle$ は，$a=c$ であるうえ $b=d$ でもある，というのと同じことだとします．ですから，$x\neq y$ のときには $\langle x,y\rangle\neq\langle y,x\rangle$ となります．前後の順番を気にする対，ということで順序対と呼ばれるわけです．

さて，2つの集合 A と B が与えられたとき，A の要素を左成分とし B の要素を右成分とする順序対をすべて集め，その全体を A と B の**直積**といって $A \times B$ であらわします．すなわち

$$A \times B = \{\, \langle x, y \rangle \mid x \in A,\ y \in B \,\}$$

とします．

例 集合 $A = \{\,紅, 白\,\}$，$B = \{\,松, 竹, 梅\,\}$ について

$$A \times B = \{\,\langle 紅, 松 \rangle, \langle 紅, 竹 \rangle, \langle 紅, 梅 \rangle, \langle 白, 松 \rangle, \langle 白, 竹 \rangle, \langle 白, 梅 \rangle\,\}$$

となります．

一般に A が n 個の要素，B が m 個の要素からなる集合のとき，$A \times B$ の要素の個数は nm 個です．これは掛け算ということの原理をあらわしているとすらいえるかもしれません．

▶ 冪集合

集合が集合に要素として属することも，数学ではありふれたことです．とくに，集合 A に対して，その部分集合の全体のなす集合を A の**冪集合**といって

$$\mathcal{P}(A)$$

と書きます．文字 $\mathcal{P}$ は Power Set から来ています．

例 集合 $A = \{\,紅, 白\,\}$ の冪集合 $\mathcal{P}(A)$ は

$$\{\,\emptyset, \{\,紅\,\}, \{\,白\,\}, \{\,紅, 白\,\}\,\}$$

となり，$\mathcal{P}(\{\,松, 竹, 梅\,\})$ は

$$\{\,\emptyset, \{\,松\,\}, \{\,竹\,\}, \{\,梅\,\}, \{\,松, 竹\,\}, \{\,松, 梅\,\}, \{\,梅, 竹\,\}, \{\,松, 竹, 梅\,\}\,\}$$

となります．

ここで 2 要素の集合 $\{\,紅, 白\,\}$ の冪集合が $2^2 = 4$ つの集合からなっていたこと，3 要素の集合 $\{\,松, 竹, 梅\,\}$ の冪集合が $2^3 = 8$ 個の要素からなっていたこ

とに注意しましょう．一般に A がちょうど n 個の要素をもつ集合のとき，冪集合 $\mathcal{P}(A)$ はちょうど 2^n 個の要素をもつ集合になります．A の部分集合を定めるには，A のひとつひとつの要素ごとにそれが部分集合に属するか属しないかを指定することになるからです．このことが，$\mathcal{P}(A)$ が冪集合と呼ばれる理由なのです．

▶集合族とその和集合

集合 A の冪集合の場合に明らかなように，集合が他の集合の要素となるというのは，ごくありふれたことです．集合 $\mathcal{A}$ が「集合の集合」であるとき，すなわち，集合 $\mathcal{A}$ の要素がすべてまた集合であるとき，この事実を強調するため $\mathcal{A}$ のことを**集合族**と呼ぶことがあります．

また，ある集合 I の要素 i それぞれに対して集合 A_i が 1 つ定まっている場合に，その仕組み全体を，

$$\{A_i \mid i \in I\}$$

と書いて，I を添字集合とするひとつの**添字つき集合族**と呼ぶことがあります．

前に説明した 2 つの集合の和集合 $A \cup B$ と共通部分 $A \cap B$ は，この添字つき集合族にまで拡張されます．

少なくとも 1 個の A_i に属する要素全体の集合を，添字つき集合族 $\{A_i \mid i \in I\}$ の和集合といい

$$\bigcup_{i \in I} A_i$$

と書きます．また，すべての A_i にもれなく属する要素全体の集合を，$\{A_i \mid i \in I\}$ の共通部分といい

$$\bigcap_{i \in I} A_i$$

と書きます．これらの記号は見慣れないものかもしれませんが，総和の記号

$$\sum_{k=1}^{n} a_k = a_1 + a_2 + \cdots + a_n$$

からの類推で，すべての A_i を $\cup$ なり $\cap$ なりで結合したもの，と理解できるの

ではないでしょうか．

▶ 写像・定義域・終域

ディリクレの関数の定義（セクション 2.2）を思い出してください．彼の関数概念はきわめて一般的・抽象的であるため，もはや独立変数や従属変数の値が数値である必然性すらありません．集合 A の各要素が与えられるごとに集合 B の要素が 1 つ決まる仕組みを考えることは，数学ではありふれたことです．ディリクレの定義のもとで関数を考えるというのは，そのような仕組みを，とくに A と B が数の集合である場合に考えるということでした．

ディリクレの関数概念を一般の集合にまで拡張したものが，写像の概念です．

一般に，集合 A の要素 a が 1 つ与えられるごとに，そのつど集合 B の要素が 1 つ定まるような，なんらかの仕組みが存在するとき，A から B へのひとつの**写像**が与えられている，というのです．

集合 A から集合 B への写像が与えられているとき，その写像にたとえば f という名前をつけたとして，このことを

$$f: A \to B$$

と書きます．集合 A は写像 f の**定義域**または**始域**，集合 B は写像 f の**ターゲット**または**終域**と呼ばれます．

写像 $f: A \to B$ が与えられたとします．このとき，定義域 A の各要素 a に対して，ターゲット B の要素が f によって定められます．写像 f によって a に対応して定まるターゲットの要素のことを a に対する f の**値**と呼び，$f(a)$ と書きます．

例 定義域 $A = \{\text{紅}, \text{白}\}$ からターゲット $B = \{\text{松}, \text{竹}, \text{梅}\}$ への写像は次の 9 つあります．

x	紅	白
$f(x)$	松	松

x	紅	白
$f(x)$	松	竹

x	紅	白
$f(x)$	松	梅

x	紅	白
$f(x)$	竹	松

x	紅	白
$f(x)$	竹	竹

x	紅	白
$f(x)$	竹	梅

x	紅	白
$f(x)$	梅	松

x	紅	白
$f(x)$	梅	竹

x	紅	白
$f(x)$	梅	梅

▶ 像と逆像

いま，集合 X から集合 Y への写像 $f\colon X \to Y$ が与えられたとしましょう．X の部分集合 A が与えられるごとに，f による A の**像**と呼ばれる Y の部分集合 $f[A]$ が

$$f[A] = \{y \in Y \mid \text{ある } x \in A \text{ について } y = f(x)\}$$

によって定められます．つまり $f[A]$ は A の要素に対する f の値の全体の集合です．

本書では，写像 f の値を $f(x)$ と丸いカッコで表し，像や逆像を $f[A]$ と四角いカッコで書いて区別しています．しかしながら，多くの数学書ではこうした区別をせず，どちらも丸いカッコで $f(x)$，$f(A)$ と書いています．その場合，書かれているのが値なのか像なのか，読者が注意して判断する必要があります．

写像 $f\colon \mathbb{R} \to \mathbb{R}$ を $f(x) = x^2$ で定めたとすると，

$$f[\{0,1,2\}] = \{0,1,4\}$$
$$f[\{-1,0,1,2\}] = \{0,1,4\}$$
$$f[[0,2]] = [0,4]$$
$$f[[-2,2]] = [0,4]$$

という具合になります．

また，f のターゲット Y の部分集合 B が与えられるごとに，f による B の**逆像**と呼ばれる X の部分集合 $f^{\leftarrow}[B]$ が

$$f^{\leftarrow}[B] = \{x \in X \mid f(x) \in B\}$$

によって定められます．つまり $f^{\leftarrow}[B]$ は f の値が B に属するような定義域の要素全体です．

> 逆像と逆写像の混乱を避けるため，本書では逆像を $f^{\leftarrow}[A]$ と書き，逆写像を $f^{-1}(y)$ で
> あらわしています．しかし，多くの数学の専門書ではどちらにも $f^{-1}(\ )$ という表記を用い
> るので，文脈によって適切に判断する必要があります．

例 写像 $f\colon \mathbb{R} \to \mathbb{R}$ を $f(x) = x^2$ で定めたとすると，

$$f^{\leftarrow}[\{1\}] = \{-1, 1\}$$
$$f^{\leftarrow}[\{0, 1, 2\}] = \{-\sqrt{2}, -1, 0, 1, \sqrt{2}\}$$
$$f^{\leftarrow}[\{-1\}] = \emptyset$$
$$f^{\leftarrow}[[0, 2]] = [-\sqrt{2}, \sqrt{2}]$$
$$f^{\leftarrow}[[-2, 0]] = \{0\}$$

という具合になります．ここで，$\{-1\}$ の逆像が空になるのは，どんな実数も2乗して -1 になることがないからです．$[0, 2]$ の逆像が $[-\sqrt{2}, \sqrt{2}]$ であるという主張は，不等式 $0 \leqq x^2 \leqq 2$ を解けば $-\sqrt{2} \leqq x \leqq \sqrt{2}$ が得られる，という事実の別表現にほかなりません．同様に，区間 $[-2, 0]$ の逆像が $\{0\}$ になるというのは，不等式 $-2 \leqq x^2 \leqq 0$ をみたす実数 x が 0 だけだ，という事実をいいあらわしています．

▶ 写像のグラフ・写像の集合

さて，写像 $f\colon A \to B$ が与えられたとき，定義域 A の各要素 x とその値 $f(x)$ との順序対 $\langle x, f(x) \rangle$ をつくると，それは直積集合 $A \times B$ の要素になります．A の要素 x の全体にわたってそれらを集めると，$A \times B$ の部分集合

$$G_f = \{\, \langle x, f(x) \rangle \mid x \in A \,\}$$

が得られます．定義域 A の特定の要素 a に対する f の値 $f(a)$ を知りたければ，順序対 $\langle a, b \rangle$ が集合 G_f に属するような B の要素 b を探せばよいのですから，この集合 G_f は写像 f の定義域と値に関する情報を余すところなく含んでいます．平面上に描かれる関数のグラフからの類推にもとづいて，この G_f を写像 f の**グラフ**と呼びます．

集合 G がなんらかの写像 $f\colon A \to B$ のグラフ G_f であるためには，

- $G \subseteq A \times B$ であること，
- A のどの要素 x に対しても，ある B の要素 y が $\langle x,y \rangle \in G$ をみたすこと（値が存在すること），
- A のどの要素 x に対しても，B の要素 y で $\langle x,y \rangle \in G$ をみたすものが，2個以上存在しないこと（値が1個に決まること）

という3条件の成立が必要かつ十分です．ですから，このような性質をもつ集合 G を与えることと，A から B への写像を与えることは同等です．その意味で，A から B への写像のグラフである $A \times B$ の部分集合がその写像そのものだとしてしまう考え方もあります．とくに公理的集合論という分野ではそのように考えるのが常なのですが，この方法には，ターゲット B の情報がグラフから復元できる保証がないという欠点があります．写像のターゲットを定義域と同様に重要視する代数学などの分野では，写像をグラフと同一視するような考え方は受け入れられないわけです．いずれの流儀にもそれぞれに理由があり，どちらが正しいというような話ではありません．

集合 A と集合 B に対して，A を定義域とし B をターゲットとする写像全体の集合を考えます．これを一般に

$$B^A$$

と書くのですが，定義域のほうが後ろに書かれるのが誤解を招きやすいという理由で，

$$^A B$$

という書き方が好まれる場合もあります．ここでは前者を採用しましょう．

> 写像をグラフと同一視する考え方を採用すれば，A から B への写像とは直積集合 $A \times B$ のある種の部分集合ですから，その全体 B^A は冪集合 $\mathcal{P}(A \times B)$ の特定の部分集合，ということになります．逆にむしろ部分集合のほうこそ 2 値の集合 $\{\,$真,偽$\,\}$ への写像と同一視されるという考え方を採用すれば，冪集合 $\mathcal{P}(A)$ は写像の集合 $\{\,$真,偽$\,\}^A$ そのものだ，ということになります．どちらをより基本的と思うかは場合によりますが，一方が他方に還元でき，したがって，それらを少数の基本的な「集合論の原理」によって説明できそうです．このような観点から集合の理論を展開する公理的集合論という数学の分野があります．

4.2 | 集合とその濃度

　実数の全体が可算でないことを証明して，無限にもサイズの区別がありうることを発見したカントールは，無限な数学的対象を数える新しい数の理論の構築へと歩みを進めることになります．有限集合の個数を数える自然数を，あらゆる無限な対象を数え上げるのに十分なものに拡張すること．それは，実数の集まりである点集合に限らず，どんなものであれ数学的にきちんと特定できる対象の，きちんと範囲の確定する集まりを，あらたに数学的な議論の対象と認めようという発想を生み出します．こうして，カントールは集合の一般論と，彼の「超限数の理論」を作りあげたのです．ここではカントールの始めた「集合の濃度の理論」を解説します．

▶ 全射と単射

　集合の濃度の理論は 2 つの集合のあいだの写像に関わっています．まず写像に関連して必要な定義をします．

　集合 A を定義域とし集合 B をターゲットとする写像 $f: A \to B$ が**全射**であるというのは，B のどの要素も f の値になっていること，すなわち，B のすべての要素 b に対してそれぞれ A の要素 a が $b = f(a)$ をみたすようにとれることをいいます．これはターゲット B の要素 b に対して $b = f(a)$ をみたす定義域 A の要素 a が少なくともひとつ存在する，ということを意味します．

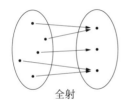 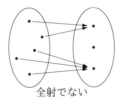

図 4.1

集合 A を定義域とし集合 B をターゲットとする写像 $f\colon A \to B$ が**単射**であるというのは，A の異なる 2 要素における f の値が必ず異なること，$a_1 \neq a_2$ であるような A の要素 a_1 と a_2 については必ず $f(a_1) \neq f(a_2)$ となることをいいます．これはターゲット B の要素 b に対して $b = f(a)$ をみたす定義域 A の要素 a があるとしてもひとつしかない，ということを意味します．

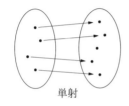 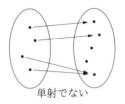

図 4.2

全射であり単射でもある写像 $f\colon A \to B$ は，**全単射**と呼ばれます．

写像 $f\colon A \to B$ が全単射であることは，ターゲット B の要素 b に対して $b = f(a)$ をみたす定義域 A の要素 a が 1 つ存在し 2 つ以上は存在しないこと，B の各要素に対して関係 $b = f(a)$ によって A の要素がただ 1 つ定まることを意味します．このとき，B を定義域とし A をターゲットとする写像が定まります．この写像を，f の**逆写像**と呼び，$f^{-1}\colon B \to A$ と書きます．この定義から，

$$a = f^{-1}(b) \iff b = f(a)$$

となっています．逆写像をもつのは全単射だけだということに，くれぐれも注意してください．

全単射は定義域 A の要素ひとつひとつにターゲット B の要素を 1 個ずつ，漏れもダブりもなく対応させます．全単射とは要素間の一対一対応のことにほかなりません．

▶ 集合の濃度

ですから，有限集合の場合，A を定義域とし B をターゲットとする全単射が存在するというのは，とりもなおさず A の要素の個数と B の要素の個数が一致するということです．数が同じとは，一対一の対応がつくこと．わたくしたちはものの個数を数えたり比較したりするさいに，そのことを日常的に無意識に利用しています．

無限集合においては，要素の数を数える手段はさしあたり存在しないわけですが，全単射があるかないか，という問いは，有限無限に関わりなく意味をなします．

ならば，無限集合に対しても，全単射を手がかりにして，要素の個数に相当するものをうまく定められるのではないか．これが，カントールの着想でした．

> **定義**
>
> 集合 A と集合 B の間に全単射 $f: A \to B$ が1つでも存在するならば，$A \sim B$ と書いて，A と B は**対等である**という．

集合 A が有限集合で要素の数が n 個であるなら，$A \sim B$ というのは B も n 個の要素からなる有限集合だということにほかなりません．ですから，集合の対等性は，「要素の個数が同じ」という，有限集合においてだけ意味をなす関係の，無限集合への拡張になっています．

カントールはすべての集合を対等なものどうしにクラス分けして，そのひとつひとつのクラスに，**濃度**と呼ばれる目印を割りあてることを考えました．この部分の論理操作についてのカントール自身の言葉は少々わかりづらいのですが，

- それぞれの集合 A はその濃度をもつ
- 2つの集合 A と B の濃度が等しいのは A と B が対等であるときであり，そのときに限る

という2つのことに集約されます．

わたくしたちは集合 A の濃度を記号

$$\overline{\overline{A}}$$

であらわすことにしましょう．A と B が対等であるときに A と B の濃度が等しいというのですから，

$$\overline{\overline{A}} = \overline{\overline{B}} \iff A \sim B$$

というわけです．

わたくしたちはすでに，整数全体 $\mathbb{Z}$ や有理数全体 $\mathbb{Q}$ を数列の形に並べられることを知っています．このことから，

$$\overline{\overline{\mathbb{N}}} = \overline{\overline{\mathbb{Z}}} = \overline{\overline{\mathbb{Q}}}$$

がわかります．また，実数の全体 $\mathbb{R}$ は数列によって「取り尽す」ことができないのですから，全単射 $f\colon \mathbb{N} \to \mathbb{R}$ は存在しません．ですから $\mathbb{R}$ が $\mathbb{N}$ と対等でないこと，

$$\overline{\overline{\mathbb{N}}} \neq \overline{\overline{\mathbb{R}}}$$

ということも，わたくしたちはすでに知っているわけです．

集合 A が有限集合でちょうど n 個の要素からなる場合に $\overline{\overline{A}} = n$ とすることには，なんの問題もないでしょう．いっぽう，無限集合の濃度にはまだ名前がありませんので，カントールはひとまず，自然数全体の集合 $\mathbb{N}$ の濃度をヘブライ文字「アレフ」を使って

$$\overline{\overline{\mathbb{N}}} = \aleph_0$$

とあらわすことにしました．濃度が $\aleph_0$ であるような集合のことを**可算無限集合**といいます．これは $\mathbb{N}$ と対等な集合といっても同じことです．実数全体の濃度 $\overline{\overline{\mathbb{R}}}$ については，後で触れます．

濃度という概念が無限集合の要素の個数を数えられるように自然な形で自然数の概念を拡張したものになっていると考えたカントールは，この「無限の数の理論」の探求に乗り出します．

▶濃度の大小比較

次に濃度の大小関係を定義しましょう．集合 A が集合 B の部分集合であるとき（このことを $A \subseteq B$ と書くのでした）には，A の濃度が B の濃度以下（$\overline{\overline{A}} \leq \overline{\overline{B}}$）と考えるのが妥当でしょう．とすると，$B$ のある部分集合 C と A が対等（$A \sim C$）であるとき，A の濃度は C の濃度と等しいのだから，

このときも $\overline{\overline{A}} \leqq \overline{\overline{B}}$ とせねばならないでしょう.

集合 A が集合 B の部分集合 C と対等であるというのは, 全単射 $f\colon A \to C$ が存在するということですが, この写像 f はそのまま B を終域とする写像 $f\colon A \to B$ と考えることができます. 終域を広げてしまうと, f はもはや全射ではありません. しかし, 単射であることに変わりがない. ですから, A が B の部分集合と対等であるときには, 単射 $f\colon A \to B$ が存在します. 逆に単射 $f\colon A \to B$ が存在するなら, f の値の全体

$$f[A] = \{f(a) \mid a \in A\}$$

へと f の終域を制限して $f\colon A \to f[A]$ と考えれば, これは全単射ですから, A は B の部分集合 $f[A]$ と対等 ($A \sim f[A]$) になります. 以上のことをまとめると,

> **定理**
>
> 集合 A が集合 B の部分集合と対等であることは, 単射 $f\colon A \to B$ が存在することと同値.

ということになります.

集合 A が集合 B の部分集合と対等であるとき

$$A \precsim B$$

と書くことにしましょう. これが濃度の大小比較についてのわたくしたちの定義です.

> **定義**
>
> $\overline{\overline{A}} \leqq \overline{\overline{B}}$ とは $A \precsim B$ ということ, すなわち単射 $f\colon A \to B$ が存在することである.

自然数は実数の一種ですから $\mathbb{N} \subseteq \mathbb{R}$ で, したがって $\overline{\overline{\mathbb{N}}} \leqq \overline{\overline{\mathbb{R}}}$ であり, いっぽう $\mathbb{R}$ は可算でないので, $\mathbb{N}$ の部分集合とは対等にならず, したがって $\overline{\overline{\mathbb{R}}} \nleqq \overline{\overline{\mathbb{N}}}$

となります．このことは

$$\overline{\overline{\mathbb{N}}} < \overline{\overline{\mathbb{R}}}$$

と表記してよいでしょう．より一般に

定義

$\overline{\overline{A}} < \overline{\overline{B}}$ とは

$$\overline{\overline{A}} \leqq \overline{\overline{B}} \text{ かつ } \overline{\overline{B}} \not\leqq \overline{\overline{A}}$$

ということである．

さて，このように定義したとして，この濃度の大小関係が数の大小関係らしく振る舞ってくれるでしょうか．それはあらためて確認を要することです．

まず，次のことはすぐに確認できます．

どんな集合 A についても $A \precsim A$．（証明：A の各要素 a に a 自身を対応させる写像は単射である．）

$A \precsim B$ と $B \precsim C$ が成立するとき $A \precsim C$ も成立する．（証明：単射 $f: A \to B$ と $g: B \to C$ があるとき，A の各要素 a に対し，f の値である B の要素 $f(a)$ が対応し，また，それに対する g の値 $g(f(a))$ が対応するので，a に $g(f(a))$ を対応させる A から C への写像 $h: A \to C$ が考えられる．f と g が単射であることからこの h も単射になることが導かれる．）

集合 A の各要素 a に a 自身を対応させる写像のことを，A における**恒等写像**といいます．また，写像 $f: A \to B$ と $g: B \to C$ があったとき a に $g(f(a))$ を対応させる A から C への写像のことを，f と g の**合成写像**といい，これを $g \circ f: A \to C$ であらわします．

以上の考察を濃度の記号で書きなおせば

$$\text{どんな } A \text{ についても } \overline{\overline{A}} \leqq \overline{\overline{A}}$$
$$\overline{\overline{A}} \leqq \overline{\overline{B}} \text{ かつ } \overline{\overline{B}} \leqq \overline{\overline{C}} \text{ のとき } \overline{\overline{A}} \leqq \overline{\overline{C}}$$

となります.

さらに,

$$\overline{\overline{A}} \leqq \overline{\overline{B}} \text{ かつ } \overline{\overline{B}} \leqq \overline{\overline{A}} \text{ ならば } \overline{\overline{A}} = \overline{\overline{B}} \text{ である}$$

という,濃度の大小関係の**反対称性**も成立します.これは,カントールの門下生であるベルンシュタインの大事な定理です.

カントール–ベルンシュタインの定理

$A \precsim B$ かつ $B \precsim A$ のとき $A \sim B$ である.

あとは,数の大小関係としては明らかに成立しているはずの**比較可能性**

$$\overline{\overline{A}} \leqq \overline{\overline{B}} \text{ または } \overline{\overline{B}} \leqq \overline{\overline{A}} \text{ の少なくとも一方は成立する}$$

についてです.カントールたちはその正しさを確信していましたが,証明を与えることはできませんでした.この命題は,**ツェルメロの選択公理**と呼ばれる次の命題:

選択公理

任意の集合 X に対して,X の空でない部分集合の全体を定義域とし X を終域とする写像 $s_X : \mathcal{P}(X) \setminus \{\emptyset\} \to X$ で,定義域のすべての要素 A について $s_X(A) \in A$ をみたすものが存在する.言い換えれば,X のすべての空でない部分集合からその要素を選びだす**選択写像**が存在する.

の別表現にほかならないことが,のちに明らかになりました.選択公理は「空でない集合から要素を取り出す」というあたりまえのことを,ただすべての部分集合にたいして一斉に実行できるといっているだけですので,直観的には「明らかに正しい」とみてよいのでしょうが,さりとて,集合一般の概念から論理的に導き出してくることができる性質の命題というわけでもありません.そうした命題は,数学においては「仮定」または「公理」として,明示しておかねばなりません.ここでは,濃度の比較可能性が,濃度の大小関係についてのそれ以外の性質とは,すこし違った立ち位置の命題であることを指摘するにとどめます.

▶ 濃度の演算

濃度の足し算，濃度の掛け算，それに濃度の指数演算も，カントールによって，自然数に関する該当する演算の自然な拡張として定義されました．概略だけでも見ていきましょう．

A と B が共通の要素をもたない2つの集合のとき，A の濃度と B の濃度の和が和集合 $A \cup B$ の濃度に一致するだろうというのは，有限集合の場合を考えれば自然な考えでしょう．集合 A と B が共通の要素をもつかもしれない場合にも，A のかわりに直積集合 $A \times \{0\}$，B のかわりに直積集合 $B \times \{1\}$ を考えると，$A \sim A \times \{0\}$，$B \sim B \times \{1\}$ かつ $(A \times \{0\}) \cap (B \times \{1\}) = \emptyset$ となるので，一般の濃度の和の定義を次のようにしましょう．

定義

2つの集合 A と B に対して，集合 $(A \times \{0\}) \cup (B \times \{1\})$ の濃度を和 $\overline{\overline{A}} + \overline{\overline{B}}$ と定義する．

本当はもちろん，この定義に先立って，濃度 $\overline{\overline{(A \times \{0\}) \cup (B \times \{1\})}}$ が濃度 $\overline{\overline{A}}$ と $\overline{\overline{B}}$ によって決まり，特定の集合 A と B の選び方には依存しないこと，すなわち，

$$A \sim C, \ B \sim D のとき (A \times \{0\}) \cup (B \times \{1\}) \sim (C \times \{0\}) \cup (D \times \{1\})$$

であることを確認しておく必要があります．これには，全単射

$$f_0 \colon A \to C, \quad f_1 \colon B \to D$$

が与えられたとして，写像 $f \colon (A \times \{0\}) \cup (B \times \{1\}) \to (C \times \{0\}) \cup (D \times \{1\})$ を，

$$f(\langle x, i \rangle) = \langle f_i(x), i \rangle$$

によって定め，それが全単射になっていることを確かめるのです．掛け算や指数演算の定義のさいも，同様のチェックは必要で，それぞれの場合に工夫して全単射を構成しなければならないのですが，話が細かくなりすぎるので略します．

濃度の積の定義には直積を用います．これも有限集合の場合を考えると自然な定義であるとわかります．

定義

2つの集合 A と B に対して，集合 $A \times B$ の濃度を積 $\overline{\overline{A}} \cdot \overline{\overline{B}}$ と定義する．

このように定めた和と積は，自然数の足し算と掛け算の見慣れた性質の多くを引き継いでいます．いま $\boldsymbol{a}$, $\boldsymbol{b}$, $\boldsymbol{c}$ を任意の集合の濃度とするとき，

$$\boldsymbol{a}+\boldsymbol{b}=\boldsymbol{b}+\boldsymbol{a} \qquad \boldsymbol{a}\cdot\boldsymbol{b}=\boldsymbol{b}\cdot\boldsymbol{a}$$
$$\boldsymbol{a}+(\boldsymbol{b}+\boldsymbol{c})=(\boldsymbol{a}+\boldsymbol{b})+\boldsymbol{c} \qquad \boldsymbol{a}\cdot(\boldsymbol{b}\cdot\boldsymbol{c})=(\boldsymbol{a}\cdot\boldsymbol{b})\cdot\boldsymbol{c}$$
$$\boldsymbol{a}+0=\boldsymbol{a} \qquad \boldsymbol{a}\cdot 1=\boldsymbol{a}$$

となります．ここで 0 は空集合 $\emptyset$ の濃度と考えます．このほか，

$$\boldsymbol{a}\cdot 0=0$$
$$\boldsymbol{a}\cdot(\boldsymbol{b}+\boldsymbol{c})=(\boldsymbol{a}\cdot\boldsymbol{b})+(\boldsymbol{a}\cdot\boldsymbol{c})$$

も成立します．

濃度の指数演算の定義には写像の集合を用います．

定義

2つの集合 A と B に対して，A から B への写像全体の集合 B^A の濃度を冪 $\overline{\overline{B}}^{\overline{\overline{A}}}$ と定義する．

この定義が自然なものであることは次のように考えればわかります．いま，$A=\{a_1,\ldots,a_n\}$, $B=\{b_1,\ldots,b_m\}$ という有限集合の場合，A から B への写像は，a_1 に対する値が m とおり，a_2 に対する値が m とおりと，定義域の n 個の要素のそれぞれに対する値の選び方が m とおりあるので，全部で

$$\overbrace{m\times\cdots\times m}^{n\text{ 個}}=m^n$$

の写像があることになります．

この定義のもとで，よく知られた指数法則が成立します．

$$(\boldsymbol{a} \cdot \boldsymbol{b})^c = \boldsymbol{a}^c \cdot \boldsymbol{b}^c \qquad \boldsymbol{a}^{b+c} = \boldsymbol{a}^b \cdot \boldsymbol{a}^c \qquad \boldsymbol{a}^{b \cdot c} = (\boldsymbol{a}^b)^c$$

$$\boldsymbol{a}^1 = \boldsymbol{a} \qquad \boldsymbol{a}^0 = 1$$

このように，カントールは濃度の演算を定め，それが自然数の演算の自然な拡張になっていることを確認したのでした．

濃度の演算が自然数の演算の自然な拡張であるといっても，無限集合の濃度においては有限集合とは違った奇妙な現象も起こります．たとえば，自然数の全体

$$1, 2, 3, \ldots$$

を偶数と奇数に分けて

$$E = \{2, 4, 6, \ldots\} \qquad O = \{1, 3, 5, \ldots\}$$

とすると，n に $2n$ を対応させて $\mathbb{N} \sim E$ がわかり，n に $2n - 1$ を対応させれば $\mathbb{N} \sim O$ もわかります．いっぽう $\mathbb{N}$ は E と O という共通要素をもたない 2 つの部分集合の和集合です．この 2 つのことから，

$$\overline{\overline{\mathbb{N}}} = \overline{\overline{E}} = \overline{\overline{O}} \text{ かつ } \overline{\overline{\mathbb{N}}} = \overline{\overline{E}} + \overline{\overline{O}}$$

となります．すなわち，

$$\aleph_0 + \aleph_0 = \aleph_0$$

となっているわけです．同様の考えで，有限の濃度 n についても

$$\aleph_0 + n = \aleph_0$$

となっていることがわかります．濃度の足し算では，**消約律**と呼ばれる

$$\boldsymbol{a} + \boldsymbol{b} = \boldsymbol{a} + \boldsymbol{c} \text{ のとき } \boldsymbol{b} = \boldsymbol{c}$$

という計算法則は，$\boldsymbol{a}$ が有限の濃度のとき以外は一般に成立しないのです．したがって，濃度の足し算や掛け算は考えられますが，濃度の引き算や割り算はありません．

また，$\boldsymbol{a}$ と $\boldsymbol{b}$ がともに無限のとき，和や積は単に $\boldsymbol{a}$ と $\boldsymbol{b}$ の大きいほうになる，つまり

$$\boldsymbol{a} + \boldsymbol{b} = \boldsymbol{a} \cdot \boldsymbol{b} = \max\{\boldsymbol{a}, \boldsymbol{b}\}$$

となることも知られています．とくに，a を無限濃度とするとき，
$$a \cdot a = a$$
となります．面白いことに，この等式もツェルメロの選択公理の別表現であることがわかっているのです．

▶ カントールの定理と連続体問題

濃度の理論でもっとも重要な結果は，なんといっても次に示すカントールの定理です．

> **カントールの定理**
>
> すべての濃度 a について $a < 2^a$ となる．

これを証明しましょう．そのために，任意の集合 A について $\overline{\overline{2^A}} = \overline{\overline{\mathcal{P}(A)}}$ であることに注意し，$A \precsim \mathcal{P}(A)$ であることと $\mathcal{P}(A) \precsim A$ でないことを示します．

(1) $A \precsim \mathcal{P}(A)$ であること：これは A の各要素 a に $\{a\}$ を対応させる写像 $i: A \to \mathcal{P}(A)$ を考えればよいのです．$i(a) = i(b)$ ならば $\{a\} = \{b\}$ したがって $a = b$ となるので，この写像は単射です．

(2) $\mathcal{P}(A) \precsim A$ でないこと：いま単射 $f: \mathcal{P}(A) \to A$ が存在したと仮定しましょう．A の部分集合 D を
$$D = \{ f(B) \mid B \subseteq A,\ f(B) \notin B \}$$
と定義します．すると，A の部分集合 C に対して，$f(C) \in D$ とは，A のある部分集合 B について $f(C) = f(B)$ かつ $f(B) \notin B$ ということになります．ところが，いま f は単射なのですから，$f(C) = f(B)$ をみたす B は C 自身の他にありません．したがって A のすべての部分集合 C について
$$f(C) \in D \iff f(C) \notin C$$
となっています．ところが集合 D も A の部分集合には違いありませんから，この式の C に D を代入すれば

$$f(D) \in D \iff f(D) \notin D$$

となって矛盾します．したがって単射 $f\colon \mathcal{P}(A) \to A$ は存在しえないのです．

ここでは $\mathcal{P}(A)$ から A への単射が存在しないことを証明しましたが，$2^{\boldsymbol{a}} \neq \boldsymbol{a}$ を示すためなら，A から $\mathcal{P}(A)$ への全射が存在しないことを証明してもよかったわけです．そうすれば，$\mathcal{P}(A)$ と A の間に全単射が存在しないこともわかるからです．この場合，$g\colon A \to \mathcal{P}(A)$ を任意の写像として，

$$D = \{\, x \mid x \in A,\ x \notin g(x) \,\}$$

とすれば A の任意の要素 x について

$$x \in D \iff x \notin g(x)$$

なので，D が g の値にならないこと，したがって g が全射でないことがわかります．発想の根本は同じですが，上に述べた単射を使う証明より，こちらのほうがいくぶんシンプルな議論になっています．

このカントールの定理から，与えられた濃度 $\boldsymbol{a}$ より大きな濃度が必ず存在する，ということがわかります．すなわち「最大の濃度」などというものはありません．

これもツェルメロの選択公理の力を借りて証明されるのですが，$\boldsymbol{a}$ より大きな濃度のうち最小の濃度，すなわち $\boldsymbol{a}$ の**次の濃度**が存在します．

カントールは，可算無限濃度 $\aleph_0$ から出発し，その次の濃度 $\aleph_1$，そのまた次の濃度 $\aleph_2$ などなどが存在することを発見したわけです．ここに無限濃度の無限列

$$\aleph_0, \aleph_1, \aleph_2, \ldots, \aleph_n, \ldots$$

が作られます．無限濃度はこれですべてではありません．というのも，各 n について濃度 $\aleph_n$ の集合 A_n をとったとすると，それらすべての和集合

$$\bigcup_{n=0}^{\infty} A_n = A_0 \cup A_1 \cup A_2 \cup \cdots \cup A_n \cup \cdots$$

の濃度は，どの $\aleph_n$ よりも大きいはずだからです．いまこの集合の濃度を $\aleph_\omega$ と呼んだとすると，これはすべての $\aleph_n$ より大きい濃度のうち最小の濃度，ということになります．これを足がかりに，さらに

$$\aleph_\omega, \aleph_{\omega+1}, \aleph_{\omega+2}, \ldots, \aleph_{\omega+n}, \ldots$$

を見出し，さらにそれらすべてより大きい濃度のうち最小の濃度 $\aleph_{\omega+\omega}$ を見つけ，以下同様に，「これまでに見つかったどの濃度よりも大きい濃度のうち最小の濃度」を求める手続きが，どこまでも際限なく続くのです．

無限集合の濃度はすべて，この際限のない $\aleph_{何か}$ の系列のどこかに出現すること，言い換えれば，アレフの系列が最終的に無限濃度のすべてを汲みつくすことを，カントールは発見しました．とくに，実数全体の集合の濃度 $\overline{\overline{\mathbb{R}}}$ も，アレフの列のどこかに出現するはずです．それはどこでしょうか．

実数の無限小数展開を利用すると，実数全体 $\mathbb{R}$ が自然数全体の冪集合 $\mathcal{P}(\mathbb{N})$ に対等であることがわかります．

これを証明します．まず，関数

$$f(x) = \tan \pi \left(x - \frac{1}{2} \right)$$

によって開区間 $(0,1)$ と実数直線全体の間に全単射が与えられ，次に，0 と 1 の間の実数 x を無限 2 進小数展開して

$$x = \frac{b_1}{2} + \frac{b_2}{4} + \frac{b_3}{8} + \cdots + \frac{b_k}{2^k} + \cdots \quad (b_i \in \{0,1\})$$

とあらわすと，

$$g(x) = \{ k \mid b_k = 1 \}$$

によって $(0,1)$ から冪集合 $\mathcal{P}(\mathbb{N})$ への単射が与えられます．この 2 つのことから，$\mathbb{R}$ から $\mathcal{P}(\mathbb{N})$ への単射が与えられることになります．すなわち $\mathbb{R} \precsim \mathcal{P}(\mathbb{N})$ です．

次に，$A \subseteq \mathbb{N}$ のとき，$k = 1, 2, 3, \ldots$ に対して

$$\chi_A(k) = \begin{cases} 1, & k \in A \text{ のとき} \\ 0, & k \notin A \text{ のとき} \end{cases}$$

によって写像 $\chi_A: \mathbb{N} \to \{0,1\}$ が定まります．これを $\mathbb{N}$ における部分集合 A の**特徴関数**と呼びます．そして，いま $h: \mathcal{P}(\mathbb{N}) \to \mathbb{R}$ を

$$h(A) = \frac{\chi_A(1)}{3} + \frac{\chi_A(2)}{9} + \frac{\chi_A(3)}{27} + \cdots + \frac{\chi_A(k)}{3^k} + \cdots$$

によって定めると，これは単射となります．したがって $\mathcal{P}(\mathbb{N}) \precsim \mathbb{R}$ です．

後半の証明で分母を 2^k でなく 3^k にしたのは，分母が 2^k だと，たとえば $\{1\}$ と $\{2,3,4,\ldots\}$ に対する値が一致してしまうからです．

こうして $\mathbb{R}$ の濃度が $2^{\aleph_0}$ となることがわかったわけです．$\mathbb{R}$ が連続性の原理をみたす数学的構造であったことから，$2^{\aleph_0}$ は**連続体濃度**と呼ばれています．

わたくしたちは $\aleph_0 < 2^{\aleph_0}$ であることは知っていますが，$2^{\aleph_0}$ がアレフ系列

$$\aleph_0, \aleph_1, \aleph_2, \ldots$$

のどこに位置するかをまだ知りません．連続体濃度 $2^{\aleph_0}$ のアレフ系列における位置を決定すること，この問題は**連続体問題**と呼ばれ，カントール以後の集合論の中心問題となりました．

カントール自身は，連続体濃度 $2^{\aleph_0}$ が $\aleph_0$ のすぐ次の濃度 $\aleph_1$ であろうと予想しました．この予想を**連続体仮説**と呼びます．

カントールの連続体仮説

等式 $2^{\aleph_0} = \aleph_1$ が成立するであろう．

カントールはこの連続体仮説の証明をしようと力を尽くしましたが，結局は成功しませんでした．今日では，連続体仮説は通常の集合論では真とも偽とも決められない**独立命題**であることが数理論理学の手法で明らかになっています．

4.3 数学の基礎としての集合論－デデキントの業績

カントールは無限集合の理論を作りあげましたが，集合を用いて既存の数学を整理する，という発想はなかったようで，もっぱら無限の数の理論の展開に注力しました．広く一般のものの集まりを考え，それを数学の基本概念とするという発想の源流は，カントールではなくむしろデデキントにあります．集合論的な発想を巧みに用いたデデキントの業績として，環のイデアルの定義と切断による実数の定義を検討してみましょう．

▶ ガウス整数環

デデキントが主に活躍した分野は，19 世紀を通じて発展してきた整数論でした．デデキントはゲッチンゲンで晩年のディリクレの整数論の講義を受講し，その内容をみずからの血肉とすることを数学研究の出発点としたのでした．

19 世紀には，整数の性質をより深く調べるために，いくつかの代数的な無理数や虚数を用いて整数の全体 $\mathbb{Z}$ を拡大するという方法が試みられていました．その先頭を切ったのが，ガウスの 1832 年の論文です．

ガウスは虚数単位 $\sqrt{-1}$ を用いて拡大された整数の世界

$$\mathbb{Z}[\sqrt{-1}] = \{ a + b\sqrt{-1} \mid a, b \in \mathbb{Z} \}$$

での演算を考え，$\mathbb{Z}$ での素因数分解の一意性の類似物がこの $\mathbb{Z}[\sqrt{-1}]$ においても成立していることを確認しました．このことを利用して，ガウスは $\mathbb{Z}$ において，4 で割った余りが 1 の素数（5，13，17 など）と 4 で割った余りが 3 の素数（3，11，19 など）が示す性質の違いを説明することに成功したのでした．

面白いことに，4 で割って 1 余る素数はどれも，

$$5 = 1^2 + 2^2 = (1 + 2\sqrt{-1})(1 - 2\sqrt{-1})$$
$$13 = 3^2 + 2^2 = (3 + 2\sqrt{-1})(3 - 2\sqrt{-1})$$
$$17 = 4^2 + 1^2 = (4 + \sqrt{-1})(4 - \sqrt{-1})$$

のように，2 つの 2 乗の和であらわされ，$\mathbb{Z}[\sqrt{-1}]$ では 2 つの数の積になってしまいます．ですからこれらは $\mathbb{Z}$ でこそ素数ですが，$\mathbb{Z}[\sqrt{-1}]$ においては，もはや素数ではないわけです．いっぽう，4 で割って 3 余る素数のほうは，$\mathbb{Z}[\sqrt{-1}]$ においても，まだ素数のままです．このような事情を調べると，通常

の整数の世界 $\mathbb{Z}$ においていろいろな素数が示す性質の違いの理解に役立つ. そのことが, ガウスの発見によってわかってきたのでした.

整数の全体 $\mathbb{Z}$ やガウスの考えた $\mathbb{Z}[\sqrt{-1}]$ のように, 足し算, 引き算, 掛け算のもとで閉じた数の集合のことを<ruby>環<rt>かん</rt></ruby>と呼びます. とくに, 通常の整数の環 $\mathbb{Z}$ を有理整数環, $\mathbb{Z}[\sqrt{-1}]$ をガウス整数環と呼びます.

▶ 素因数分解の一意性の破綻

ところが, そのような環のひとつである $\mathbb{Z}[\sqrt{-5}]$ では, ちょっと困ったことが起こっています. $\mathbb{Z}[\sqrt{-5}]$ は

$$\mathbb{Z}[\sqrt{-5}] = \{\, a + b\sqrt{-5} \mid a, b \in \mathbb{Z} \,\}$$

のように定まる数の集合です. ここでは,

$$(a + b\sqrt{-5}) \pm (c + d\sqrt{-5}) = (a \pm c) + (b \pm d)\sqrt{-5}$$
$$(a + b\sqrt{-5}) \cdot (c + d\sqrt{-5}) = (ac - 5bd) + (ad + bc)\sqrt{-5}$$

となり, 足し算, 引き算, 掛け算のもとで閉じていて, たしかに環になっています. そしてこの環では, 整数 2 や 3 は他の 2 つの数の積であらわされないという意味で「素数」なのですが,

$$6 = 2 \cdot 3 = (1 + \sqrt{-5}) \cdot (1 - \sqrt{-5})$$

であり, 6 が 2 とおり以上の異なる分解をもってしまいます. つまり素因数分解の一意性はこの環 $\mathbb{Z}[\sqrt{-5}]$ では成立しないのです.

このことに最初に気付いたのは, 19 世紀半ばにディリクレの後任としてベルリン大学教授の職について, とくにフェルマーの最終定理の研究を大きく進展させたエルンスト・エドゥアルト・クンマー (1810-1893) でした.

指数 n が 3 以上のとき, ゼロでない整数 x, y, z については,

$$x^n + y^n = z^n$$

が決して成立しない, というフェルマーの最終定理は, よく知られているとおり, 1990 年代にアンドリュー・ワイルズらの手で証明されました. それに先立つこ
とおよそ 150 年, クンマーはこのフェルマーの問題に取り組む中で, 代数的数の環のなかには, 有理整数環 $\mathbb{Z}$ やガウス整数環 $\mathbb{Z}[\sqrt{-1}]$ とは違って素因数分解

の一意性が成立しない $\mathbb{Z}[\sqrt{-5}]$ のような環もあることを発見したのです．すべての整数が素数の積にただひととおりにあらわされるという素因数分解の一意性に，整数の理論がどれだけ大きく依存しているかを思えば，これは大変困ったことです．

▶ クンマーの理想数

環の選び方によっては，素因数分解の一意性が成立しない場合がある．クンマーはこの問題について「素数の積だけでは分解が不十分なのだろう」と考えたのでした．それぞれの環には，それ自体は環の要素として現れない「理想数」というもっと根源的な"数"が付随していて，環のそれぞれの要素は理想数の積としてただひととおりにあらわせる．そう考えれば，$\mathbb{Z}[\sqrt{-5}]$ のような環で素因数分解の一意性が成り立たない問題に対処できることをクンマーは発見します．

そこにはまことに非凡な着想があったとはいえ，このクンマーの理想数の理論は，クンマー自身とその弟子たちの他には，あまり普及しなかったようです．理論が複雑な手順を必要としたことに加え，「理想数とはなにか」という当然の問いに対する答えが用意されていなかったのもその理由のひとつでしょう．クンマーの理想数は，それ自身は環の要素ではなく，環の各要素がその理想数の倍数か倍数でないかによって間接的に定められるだけの影のような存在だったのです．

▶ デデキントのイデアル論

クンマーの理想数のアイデアを活かしつつ理想数という不明朗な存在に悩まされない方法をデデキントは考案しました．

例えば有理整数環 $\mathbb{Z}$ での 7 の倍数は次のような性質をもちます：

- 0 は 7 の倍数であるが，1 は 7 の倍数ではない
- a と b が 7 の倍数であるとき，$a+b$ も $a-b$ も 7 の倍数である
- a が 7 の倍数であるとき，すべての整数 x について，ax も 7 の倍数である

いま，7 の倍数全体の集合

$$7\mathbb{Z} = \{\, 7x \mid x \in \mathbb{Z} \,\}$$

を用いると，同じことを次のように書けます：

- $0 \in 7\mathbb{Z}$ だが $1 \notin 7\mathbb{Z}$
- $a \in 7\mathbb{Z}$, $b \in 7\mathbb{Z}$ のとき $a+b \in 7\mathbb{Z}$, $a-b \in 7\mathbb{Z}$
- $a \in 7\mathbb{Z}$ のときすべての整数 x について $ax \in 7\mathbb{Z}$

ここでは7の倍数について述べましたが，他の数の倍数も（1と-1だけを例外として）同様の性質をもちます．

さて，なにかある環をいま仮に R と書いたとして， R の部分集合 I が，

- $0 \in I$ だが $1 \notin I$
- $a, b \in I$ のとき $a+b \in I$, $a-b \in I$
- $a \in I$ のとき R のすべての要素 x について $ax \in I$

という性質をもつとしたら，わたくしたちは I を R の**イデアル**と呼ぶことにしましょう．すると，先ほど述べたことは，「7の倍数全体は $\mathbb{Z}$ のイデアルだ」と，ひとことでいいあらわすことができます．

有理整数環 $\mathbb{Z}$ ではイデアルはすべてなにかある数の倍数全体の集合と一致しますので，なにもことさらにイデアルなどと言挙げするに及ばないのですが，他の環では必ずしもそうではないのです．

環 R においては，要素 a の倍元の全体

$$aR = \{\, ax \mid x \in R \,\}$$

は（$a=1$ などの特別な場合を除いて）イデアルになります．このようなイデアルは，ただ1つの要素 a で定められるイデアル，という意味で**単項イデアル**と呼ばれます．

倍元という言葉は初耳だという方が多いでしょう．"倍数"という言葉を整数の場合に限定して使うために，一般の環においては ax の形にあらわされる要素のことを a の倍元と呼ぶことにします．

単項イデアル aR は a で割り切れる要素の全体というはっきりした意味づけ

をもちます．では，単項イデアルでないイデアル，非単項イデアルの場合はどうでしょうか．非単項イデアルは，もはや環の特定の要素で割り切れる要素全体とは一致しませんが，それでも，なにか「見えない要素」があたかも存在して，その倍元全体がイデアルをなしていると考えることもできます．クンマーが「理想数」を使って問題を解決しようとしたのは，まさにこのような非単項イデアルの登場するケースでした．クンマーが特定の理想数の倍数の全体という言葉でいわんとしたのは，非単項イデアルのことだったのです．ならば，なにも理想数など仮構しなくても，最初からイデアルを使って議論すればいいことです．

先ほど例にあげた $\mathbb{Z}[\sqrt{-5}]$ のような「代数体の整数環」と呼ばれるタイプの環においては，有理整数環 $\mathbb{Z}$ における素因数分解の一意性に対応するものとして，任意のイデアルが素イデアルの積に一意的に分解される，という「素イデアル分解定理」が成立します．より一般の，「ネーター環」と呼ばれるタイプの環では，任意のイデアルが有限個の準素イデアルの共通部分で書けるという「準素イデアル分解定理」が成立します．（実数係数の多項式の環やその剰余環などはすべてネーター環です．）

こうして，イデアルを使えば，クンマーがやったのと同じことをより明快な言葉で説明できます．おまけに「理想数の存在論的身分とは何ぞや」などという形而上学的な疑問にも悩まされずにすむのです．

なにか新しい「もの」を導入したくなったとき，既存の基本的な対象とその新しい「もの」との関係に注目して，既存の対象の集合としてその「もの」を構成する．このデデキントの考え方のもうひとつの例として，有理数の切断による実数の定義を検討しましょう．

▶ デデキントの切断

第3章で触れたとおり，実数の連続性のひとつの表現として，デデキントの切断の原理

実数の全体を左組と右組に切断するとき，その境界となる数が必ずある

がありました．デデキントは実数の基本的な性質をこのように定式化しただけでなく，既知の対象をもとにしてこの性質をもつ「実数の全体」を定義することに成功したのです．デデキントの方法の概略を紹介しましょう．

デデキントはまず有理数の全体 $\mathbb{Q}$ において定められた大小関係 $x < y$ につ

いて考えます．この大小関係は次の性質をもちます：

- 2つの要素の間には必ず第3の要素がある
- 最大の要素も最小の要素もない

1つ目の性質は，$a < b$ だったら $a < (a+b)/2 < b$ であることからすぐにわかります．2つ目の性質は，a よりも $a+1$ のほうが大きいので a は最大でなく，$a-1$ のほうが小さいので a は最小でもない，ということがすべての有理数 a についていえる，という意味です．

これら2つの性質は，実数の全体 $\mathbb{R}$ においても同様に成立します．$\mathbb{R}$ と $\mathbb{Q}$ の違いは，大小関係が連続性をもつかもたないかにあります．すなわち，$\mathbb{Q}$ の大小関係は切断の原理をみたさないのです．それは，たとえば無理数 $\sqrt{2}$ より小さい有理数を左組 $A_{左}$ に，$\sqrt{2}$ より大きい有理数を右組 $A_{右}$ に入れて切断 $\langle A_{左}, A_{右} \rangle$ を作ってみればわかります．このペア $\langle A_{左}, A_{右} \rangle$ は

- $A_{左}$ も $A_{右}$ も，有理数の空でない集合である
- どの有理数も $A_{左}$ または $A_{右}$ のどちらか一方だけに属する
- $A_{左}$ の要素は $A_{右}$ のどの要素よりも小さい

という意味で $\mathbb{Q}$ の切断になっていますが，左組 $A_{左}$ に最大の要素がなく，右組 $A_{右}$ に最小の要素がありません．これは，切断の4分類のうち，デデキントの切断の原理（ 参照 セクション3.2, p.61）で存在しないとされている (d) のケースです．つまり，$\mathbb{Q}$ は切断の原理をみたさないのです．

上の例では，無理数 $\sqrt{2}$ を既知のものとして，その $\sqrt{2}$ によって定まる $\mathbb{Q}$ の切断を考えました．しかし，デデキントはここで発想を逆転させて，有理数の切断が左組の最大要素も右組の最小要素ももたない場合に，その切断が無理数を定めているのだ，無理数とはそうやって定まるものだ，と考えたのです．

この考えを徹底して，デデキントは

有理数の切断を実数と呼ぶ

と「実数」を定義しました．すなわち，(ひとつの) 実数とは対 $\langle A_{左}, A_{右} \rangle$ であって，

① $A_{左}$ も $A_{右}$ も，有理数の空でない集合である
② どの有理数も $A_{左}$ または $A_{右}$ のどちらか一方だけに属する
③ $A_{左}$ の要素は $A_{右}$ のどの要素よりも小さい
④ $A_{左}$ には最大要素がない

という 4 つの条件をみたすもののことです．条件④は，「左組に最大要素があり右組に最小要素がある」(c) のタイプの切断が，有理数の性質により存在しないことを利用して，話を簡単にするために便宜上導入されたものです．つまり (a) と (b) の 2 とおりの切断は境界にある要素を左組に入れるか右組に入れるかの違いしかないと考えて，その場合には (b) のように右組に入れるようにしようと約束するわけです．今後，有理数の切断といったときには，(a) タイプのものは考えないことにします．

こうして，実数とは有理数の切断であり，その全体は右組 $A_{右}$ に最小要素のある (b) のタイプと，$A_{右}$ に最小要素のない (d) のタイプに大別されることになります．前者が有理数，後者が無理数に対応します．われわれが無理数という言葉でいわんとしたのは，有理数の境界点をもたない切断のことだったのです．

このように実数を定義したからには，次は実数の加減乗除の演算と大小関係をも定義して，それらが既知の実数の演算と大小関係に整合することを確認しなければなりません．

2 つの実数 $\langle A_{左}, A_{右}\rangle$ と $\langle B_{左}, B_{右}\rangle$ の和は

$$C_{左} = \{\, x + y \mid x \in A_{左},\, y \in B_{左} \,\}$$

とし $C_{右}$ をその補集合 $\mathbb{Q} \setminus C_{左}$ として得られる切断 $\langle C_{左}, C_{右}\rangle$ と定めればよいことがわかります．（左組 $A_{左}$ と $B_{左}$ がそれぞれになにかある実数 α と β より小さい有理数の全体の集合になっているとして，$C_{左}$ が $\alpha + \beta$ より小さい有理数の全体になるように定めたい，と考えると，これでいいことが納得いくはずです．）引き算，掛け算，割り算なども，同様の考えで定められます．ただし，掛け算と割り算は符号を考えなければならないぶん少々複雑になります．

大小関係は，$A_{左}$ に属し $B_{左}$ に属しない有理数がある場合に $\langle A_{左}, A_{右}\rangle$ が $\langle B_{左}, B_{右}\rangle$ より大きい，とすることで定義できます．切断の性質から，これは $B_{左}$ が $A_{左}$ の真の部分集合であること，

$$B_{左} \subseteq A_{左} \text{ かつ } B_{左} \neq A_{左}$$

というのと同じことになります．

あとは，この大小関係が，実数全体の大小関係のもつ特徴である連続の原理をみたすことを示さねばなりません．デデキントの定義に従うなら，実数全体 $\mathbb{R}$ の切断とは，有理数全体 $\mathbb{Q}$ の切断の全体が，2つの集合 $\mathcal{A}_左$ と $\mathcal{A}_右$ に分けられて

(1) $\mathcal{A}_左$ も $\mathcal{A}_右$ も空でない
(2) 有理数の切断（すなわち実数）はどれも $\mathcal{A}_左$ または $\mathcal{A}_右$ のどちらか一方だけに属する
(3) $\langle B_左, B_右\rangle \in \mathcal{A}_左$，$\langle C_左, C_右\rangle \in \mathcal{A}_右$ のとき，$B_左$ は $C_左$ の真の部分集合である（$\mathcal{A}_左$ の要素は $\mathcal{A}_右$ のどの要素よりも小さい）
(4) $\langle B_左, B_右\rangle \in \mathcal{A}_左$ のとき，別の $\langle B'_左, B'_右\rangle \in \mathcal{A}_左$ が存在して，$B_左$ は $B'_左$ の真の部分集合になる（$\mathcal{A}_左$ に最大要素がない）

という4条件が成立していることを意味します．このとき，$\mathcal{A}_左$ に属する $\mathbb{Q}$ の切断の左組全体の和集合を $A_左$ とし，その補集合 $\mathbb{Q} \setminus A_左$ を $A_右$ とすることで，$\mathbb{Q}$ のひとつの切断 $\langle A_左, A_右\rangle$ が得られます．このとき $A_左$ は $\mathcal{A}_左$ に属するどの切断の左組の真部分集合にもならないので，条件 (4) より，実数 $\langle A_左, A_右\rangle$ は $\mathcal{A}_左$ には属しないことになります．それで条件 (2) により $\langle A_左, A_右\rangle$ は $\mathcal{A}_右$ に属することになります．右組 $\mathcal{A}_右$ に属する他の実数 $\langle A'_左, A'_右\rangle$ を考えましょう．すると，左組 $\mathcal{A}_左$ に属する実数 $\langle B_左, B_右\rangle$ については条件 (3) から $B_左 \subseteq A'_左$ となります．いま $A_左$ はそのような $B_左$ の和集合なので，$A_左 \subseteq A'_左$ です．ということは，実数 $\langle A_左, A_右\rangle$ は $\mathcal{A}_右$ に属する他の実数 $\langle A'_左, A'_右\rangle$ より大きくない．ところが $\langle A'_左, A'_右\rangle$ は $\mathcal{A}_右$ の任意の要素なのですから，$\langle A_左, A_右\rangle$ は $\mathcal{A}_右$ の最小要素です．こうして，実数の切断は (b) タイプのものだけであることが確認されました．

ここでも，実数の連続性の原理を導くために利用されたのは，有理数の大小関係についての既知の性質のほかには，集合論の一般的な用語とそれらの基本的な性質だけだったことに注目しましょう．

デデキントは集合論の考え方を論理学の一部と考えていたので，これによって実数の理論を有理数の理論に帰着させることができたと考えたのです．有理数の理論を整数の理論に帰着させる方法，整数の理論を自然数の理論に帰着させる方法については，当時すでに知られていました．こうした還元の最後のステップで

ある，自然数の理論を集合論に帰着させることを試みた著書『数とは何かそして何であるべきか』の序文に，デデキントはこう書きます：

> 代数や高等な解析学の彼方にあるようなものも含め命題の全ては自然数に関する命題に対応している，という見解は，ディリクレから何度も聞いたものでもあったが，上のような見方からは，これは全く自明で何も目新しいところもない主張である事が分る．しかし，この骨の折れる書き換えを実際に行ない，自然数のみを使うことにして他は全く認めない，という態度は何の役に立つものでもないように思われるし，ディリクレが言った事とも関係がない．逆に，数学や他の科学での，最も大きく実りの多い進歩は，むしろ，古い概念だけを用いたのでは表現が困難な複合的な現象が何度も現れたところで，新しい概念を創造してそれを導入する事が余儀なくなった事によってもたらされたものなのである．(『数とは何かそして何であるべきか』，渕野昌訳，ちくま学芸文庫，49頁)

デデキントは，ディリクレに倣って，数学の命題はどれも自然数についての命題に対応するというテーゼを承認しただけでなく，集合の考えによって，そうした対応の実際の道筋をつけました．さらに，すべての根底にあるとされた自然数の理論も集合論に帰着させられることを示し，数学の全体は集合論，ひいては論理的思考の法則に最終的に帰着すると考えたのです．

また，デデキントのいう「自然数の他は全く認めない態度」云々は，当時のドイツ数学界の重鎮であったレオポールト・クロネッカーの狭量な哲学的見解に対する批判なのですが，同じ批判は，集合論にせよ圏論にせよ，何かひとつの基本的対象のみを認めて他を全く認めないという態度に，同じように当てはまる．そのことをも，デデキントは自覚していたことでしょう．ですから，彼はなにも「数学とは要するに集合論のことである」などといったわけではありません．デデキントは，数学における創造的なアイデアの発露を積極的に評価し，新しい概念を表現する新しい考え方としての集合論の役割を，数々の顕著な実例をもって示したのです．

人物紹介　ユリウス・ヴィルヘルム・リヒャルト・デデキント (1831-1916)

　ユリウス・ヴィルヘルム・リヒャルト・デデキントは4人きょうだいの末っ子としてブラウンシュヴァイクに生まれました．1852 年（21歳のとき），ゲッチンゲン大学で晩年のガウスのもとで博士の学位を取得したため，ガウスの最後の弟子と呼ばれることになりました．数年後，学友のリーマンと相前後して教授資格を取得したデデキントは，ゲッチンゲン大学で教壇に立つことになります．当時のゲッチンゲンには，リーマンによると「高校教師向けの数学しかない」状態だったそうで，デデキント自身も当時の最新の数学への理解不足を自覚していたといいますが，そんな中でデデキントは，ガロアの方程式論を研究して新しい観点から整理しなおして講義し始めます．こんにち「ガロア理論」の名で大学で教えられている理論を最初に講壇に乗せたのは，実はデデキントなのです．

　1855 年にガウスが亡くなり，後任としてディリクレがゲッチンゲンにやってくると，デデキントは常にディリクレと行動を共にして整数論を学びます．当時の学生の回想によると「デデキントはまるでディリクレの影に隠れるように，いつも一緒に来て一緒に出ていった」とのことです．後にデデキントはディリクレの整数論講義を整理し，デデキント自身の新しい業績を数多く付け加えたうえで出版しますが，その本のことを引き合いに出すときは必ず「ディリクレの整数論の本」と呼んで，自分の貢献のことは口にしなかったそうです．

　1858 年から数年間，デデキントはスイスのチューリヒ工科学校で教鞭をとります．この学校で微積分を教える中で，実数論の基礎について再考を迫られたことが，有理数のデデキント切断による実数の構成という発見のもとになっています．

　その後，デデキントは 1862 年に郷里ブラウンシュヴァイクの工科学校に移り，生涯そこに留まります．兄や姉たち，そしてその家族たちと一緒に，彼らの家族の一員として暮らし，生涯を独身で通しました．休暇中は旅行を楽しむのが常で，1874 年に休暇中に訪れたスイスの観光地インターラーケンでは，カントールと知り合います．集合論について語りあう彼らの実り多い交流は，その時に始まったのでした．

　デデキントは集合論の分野で，切断による実数の定義，集合論をもとにした自然数論の展開といった基本的な業績をあげました．また，整数論においては，す

でに触れたように,数体のイデアル論を創始しましたが,これがヒルベルトやネーターの手で環の一般論へと成長し,今日の代数学の礎となっています.デデキントは数学とりわけ代数学の基礎に近い分野において,集合論を応用した新しい考え方を導入することにより,数学が現代化の方向へと大きく舵を切るきっかけを作ったといえそうです.

4.4 直線と平面は同じ大きさ

さて,カントールは,濃度の異なるたくさんの無限集合が存在すること,とくに自然数の全体と実数の全体とは濃度の異なる無限集合であるということを発見しました.

実数の全体は「実数直線」と呼ばれ,左右両方向に無限に伸びていく一本の直線でイメージされます.そこで,平面や空間など多重の広がりをもつ集合の濃度を,カントールは次に検討しました.

実数の全体を $\mathbb{R}$ であらわします.高校の数学でもやるとおり,座標を考えることで平面のすべての点を2つの実数のペアでそれぞれただひととおりにあらわすことができます.その意味で平面は実数のペアの全体と同一視されます.その全体は $\mathbb{R}^2$ と書かれます:

$$\mathbb{R}^2 = \{\langle x, y \rangle \mid x, y \text{ は実数}\}$$

同様に,3次元空間は3つの実数の並びの全体と同一視されて $\mathbb{R}^3$ と書かれます:

$$\mathbb{R}^3 = \{\langle x, y, z \rangle \mid x, y, z \text{ は実数}\}$$

この要領で,わたくしたちは一般に,n 個の実数の並びの全体として n 次元空間を考えることができるわけです.

$$\mathbb{R}^n = \{\langle x_1, x_2, \ldots, x_n \rangle \mid x_1, x_2, \ldots, x_n \text{ は実数}\}$$

当初,カントールは実数直線の濃度の次に平面の濃度,その次に3次元空間の濃度,というように,高次元の空間はより低い次元の空間よりも高い濃度をもつはずだと考えていたようですが,事実はそうではありませんでした.1878年に刊行された「集合論への一寄与」というタイトルの論文においてカントールは,次元 n に関係なく,どの $\mathbb{R}^n$ の濃度も $\mathbb{R}$ の濃度に等しいことを証明してしまい

ます．

説明の便宜のため，ここでは平面と直線の濃度に話を限り，半開区間 $I = [0, 1)$ と，上辺と右辺の開いた正方形

$$I^2 = \{ \langle x, y \rangle \mid 0 \leqq x < 1, \quad 0 \leqq y < 1 \}$$

との間の全単射を与えることにします．

定理

区間 I と正方形 I^2 の間に全単射が存在する．

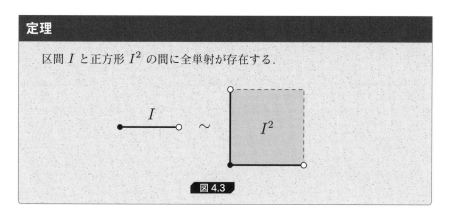

図 4.3

まず，0 以上 1 未満のどんな実数 t も，2 進小数

$$0.b_1 b_2 b_3 \cdots (2) \quad (b_n = 0 \text{ または } 1)$$

の形に展開できることに注意しましょう．とくに，ゼロが無限回出てくる ($b_n = 0$ となる n が無数にある) ような展開があり，しかもそのように展開する方法はそれぞれの実数ごとにただ 1 つに定まります．たとえば，

$$1/3 = 0.010101010101 \cdots (2)$$

$$1/2 = 0.100000000000 \cdots (2)$$

$$3/5 = 0.100110011001 \cdots (2)$$

$$22/31 = 0.101101011010 \cdots (2)$$

といった具合です．この 0 と 1 の並びを，《0 と 0 に挟まれた，いくつかの 1 の塊》と解釈し，0 とその次の 0 の間に何桁の 1 が並んでいるか，というデータを，これらの例についてそれぞれ書き出してみると，

$$1/3 \to 0,1,1,1,1,1,\ldots$$
$$1/2 \to 1,0,0,0,0,0,\ldots$$
$$3/5 \to 1,0,2,0,2,0,\ldots$$
$$22/31 \to 1,2,1,2,1,2,\ldots$$

のようになります．0が続けて出てくるところは，その間に1がゼロ個出てきている，と考えるわけです．

逆に，非負整数の列がたとえば

$$2,0,1,1,0,2\ldots$$

のように与えられれば，0と0の間にその数だけ1を挟んだ2進小数を考え

$$0.110010100110\cdots (2)$$

というぐあいに実数を作ることができます．このように，

0以上1未満の実数の全体 I

と

非負整数の無限列の全体

の間に，全単射があることに，まず注目します．

そうすると，正方形 I^2 の各点の x 座標と y 座標をそれぞれこの対応で非負整数の無限列に置き換えれば，

正方形 I^2

と

非負整数の無限列のペアの全体

の間の全単射が得られることにもなります．

となると，あとは

非負整数の無限列の全体

と

非負整数の無限列のペアの全体

の間の全単射があれば，これらを組み合わせて I と I^2 の間の全単射ができることになります．ところが，非負整数の無限列

$$[k_1, k_2, k_3, k_4, \ldots]$$

を非負整数の無限列のペア

$$\langle [k_1, k_3, k_5, \ldots], [k_2, k_4, k_6, \ldots] \rangle$$

と一対一に対応づけできることは明らかです．

簡単な実例で計算してみましょう．数 15/28 を 2 進小数展開すると，

$$15/28 = 0.10001001001001\cdots(2)$$

なので非負整数列

$$1, 0, 0, 1, 0, 1, 0, 1, 0, 1 \ldots$$

に対応します．この非負整数列を奇数番目の項の列と偶数番目の項の列に分けて

$$1, 0, 0, 0, 0, \ldots$$

$$0, 1, 1, 1, 1, \ldots$$

とすれば，それぞれが 2 進小数

$$0.100000\cdots(2) = 1/2$$

$$0.01010101\ldots(2) = 1/3$$

に対応するので，わたくしたちの全単射では，区間 I 上の実数 15/28 が正方形 I^2 上の点 $\langle 1/2, 1/3 \rangle$ に対応することになるわけです．

ここでは半開区間と正方形の間の全単射を作りましたが，この対応をもとにすれば，実数直線 $\mathbb{R}$ と全平面 $\mathbb{R}^2$ の間の全単射を作ることもでき，また $\mathbb{R}$ と 3 次元空間 $\mathbb{R}^3$ との間の全単射を作ることもできます．以下同様にして，結局，n 次元空間 $\mathbb{R}^n$ は，次元 n にかかわらずすべて $\mathbb{R}$ と同じ濃度をもつことがわかるのです．

この発見はカントールを大いにうろたえさせたようです.

もともと，ある空間的広がりの中の 1 点を特定するために n 個の実数のデータを指定する必要があることが，その空間が n 次元であることの"本質"だと考えられていたのに，その n 個の実数の並びを，1 つの実数で代用してしまえるとわかったのです.「それが本当なら，次元という観念はその根拠を失う」と考えたカントールは，ひょっとしたら自分の証明に間違いがあるのではないかと思って，友人でありよき相談相手であったデデキントに手紙を書いて意見を求めます. カントールは，母国語であるドイツ語で書いたその手紙の途中に，意図的なフランス語で

$$Je\ le\ vois.\ Mais,\ je\ ne\ le\ crois\ pas.$$

(わたしはそれを見る. しかし，わたしはそれを信じない) としるしたといいます.

さて，デデキントはカントールのこの結果に対してどのように述べたのでしょうか. そして，次元の概念はいかにして救出されたのでしょうか. 次章ではこれを検討します.

chapter 5 やっぱり平面と直線は違う

5.1 カントールの憂慮

　カントールが証明した「直線と平面は同じ大きさ」は，たしかに驚くべき発見でした．カントールは驚きのあまり「次元という概念はその根拠を失ってしまった」といって，この発見が数学全体におよぼすであろう破壊的な影響を心配したのでした．

　この発見が「驚くべき」なのは，やはりわたくしたちがどこかで，直線と平面は違うと信じているからです．でも，いったい何をもって「違う」とか「同じ」とかいうのでしょう．

　もしも，濃度が等しいことをもって「同じ」とするなら，カントールが示したとおり，直線と平面は「同じ」です．

　それでも，直線と平面が異なった構造，異なった形状をしているとわたくしたちは思っています．

　だとすれば，この構造あるいは形状といったものがうまく数学的にとらえられれば，直線と平面はここがこう違う，ということを数学的に立証し，それによって次元の概念を「救う」ことができるのではないでしょうか．

　カントールの相談を受けたデデキントは，カントールの証明によって与えられた直線と平面の間の全単射が「連続性」をもたないことを指摘し，直線と平面の違いはこの「連続性」に関わるものなのだろうと指摘します．

　この章では「写像の連続性」をはじめとする位相的な概念のうち，基本的なものを説明します．そのあとで，写像の連続性を考慮すれば直線と平面が同じでないというデデキントの主張を，数学的にきちんと立証します．

5.2 平面の点集合，点列の収束と ε-近傍

　直線と平面の構造を比較しようとしているのですから，これまで考えてきた実数直線上の点集合の他に，平面上の点集合を考える必要があります．

　わたくしたちは平面を $\mathbb{R}^2$ すなわち実数のペアの集合と同一視することにしました．平面上の点は，2つの実数の組として $\langle a, b \rangle$ の形で表示されます．2つの点

$$p = \langle x_1, x_2 \rangle \text{ と } q = \langle y_1, y_2 \rangle$$

の間の距離は，ピタゴラスの定理から

$$\sqrt{(x_1 - y_1)^2 + (x_2 - y_2)^2}$$

で与えられます．

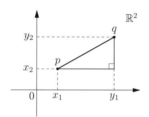

図 5.1

このように計られた，点 p から点 q までの距離を

$$d(p, q)$$

と書くことにしましょう．座標を使って定義をもう一度書けば

$$d(\langle x_1, x_2 \rangle, \langle y_1, y_2 \rangle) = \sqrt{(x_1 - y_1)^2 + (x_2 - y_2)^2}$$

です．

　類推を進めて，より高い次元の空間を考えることもできます．m 個の実数の並び

$$\langle x_1, x_2, \ldots, x_m \rangle$$

を，ひとつの点と思うことにすれば，その全体 $\mathbb{R}^m$ は m 次元の空間というわ

けです．$\mathbb{R}^m$ における2つの点

$$p = \langle x_1, x_2, \ldots, x_m \rangle \ \ \text{と}\ \ q = \langle y_1, y_2, \ldots, y_m \rangle$$

の間の距離は，

$$d(p,q) = \sqrt{(x_1-y_1)^2 + (x_2-y_2)^2 + \cdots + (x_m-y_m)^2} \quad (5.1)$$

と定められます．

実数直線 $\mathbb{R}$ 上の点はひとつの実数です．$\mathbb{R}$ 上の2つの点 $p = x_1$ と $q = y_1$ の間の距離は $d(p,q) = |x_1 - y_1|$ で計られます．これは，式 (5.1) の $m = 1$ の場合になっています．

▶ 距離関数の性質

平面 $\mathbb{R}^2$ でも実数直線 $\mathbb{R}$ でも，またより高い次元の $\mathbb{R}^m$ でも，距離関数 $d(-,-)$ は次の性質をもっています．p, q, r をある空間の任意の点として：

- $d(p,p) = 0$ （その点自身までの距離はゼロ）
- $p \neq q$ ならば $d(p,q) > 0$ （異なる点までの距離は正の実数）
- $d(p,q) = d(q,p)$ （行きと帰りの距離は同じ）
- $d(p,q) \leqq d(p,r) + d(r,q)$ （寄り道すると距離の合計が増える，三角不等式）

距離関数の共通の性質を手がかりとして，実数直線上の点集合について第3章で述べた理論とおおむね並行した議論が，平面や，高い次元の $\mathbb{R}^m$ においても展開できます．まさにその点集合の理論を通じて，直線と平面の構造の違いが明らかになってきます．違いを明らかにするためにこそ，共通の言葉が必要なのです．

▶ 点列の収束

第3章のセクション 3.1 では実数直線上の点集合の集積点と孤立点を定義しました．そして，実数直線上の点の列（すなわち数列）が収束するとはどういうことか，その定義も述べました．平面の点集合や点列についてもこれらの言葉を定義しましょう．平面と直線，あるいは高い次元の $\mathbb{R}^m$ と，考える空間が変わっても，共通の言葉で呼ばれる概念は適切に対応している必要があります．いまわ

わたくしたちは直線と平面と $\mathbb{R}^m$ に共通の,「距離関数」という概念をもっています. そこで, 直線上の点集合についてセクション 3.1 で述べた定義を, 距離関数を用いて書き直して, 平面や $\mathbb{R}^m$ にそれらを適用することを試みましょう.

第 3 章で述べた, 数列の収束の定義を思い出しましょう.

> **定義（再掲）**
>
> 数列
> $$a_1, a_2, \ldots, a_n, \ldots$$
> が数 c に収束するとは, 正の数 ε が与えられるごとに, 有限個の例外を除くすべての番号 n について $|a_n - c| < \varepsilon$ が成立することだとする.

この「有限個の例外を除くすべての番号 n について」とはどういうことでしょうか. これは, 例外となる番号 n はすべてある番号 N 未満になっているということ, すなわち

$$|a_n - c| \geqq \varepsilon \text{ ならば } n < N$$

となることであり, またこれと同じことですが,

$$n \geqq N \text{ ならば } |a_n - c| < \varepsilon$$

ということです. すべての正の数 ε についてこのことが可能だというのですが, そのさい, 例外の上限を与える番号 N は, ε ごとに選び直してよいのです. ですから,

> 正の数 ε が与えられるごとに, 番号 N をうまく選べば,
> $$n \geqq N \text{ のとき必ず } |a_n - c| < \varepsilon$$
> となる.

というのが, 数列 a_n ($n = 1, 2, 3, \ldots$) が数 c に収束することの別表現になっています.

さて, $|a_n - c| < \varepsilon$ は $d(a_n, c) < \varepsilon$ とも書けます. そして距離関数の記法は, 平面でも, また m 次元空間 $\mathbb{R}^m$ でも, そのまま通用します. ですから, 距離

関数の言葉を用いることで，数列の収束の定義をただちに m 次元空間 $\mathbb{R}^m$ の点の列の収束の定義へと一般化することができます．すなわち，直線や平面の場合を含めた $\mathbb{R}^m$ での話として，次のように定義できます．

> **定義**
>
> m 次元空間 $\mathbb{R}^m$ の点列
> $$p_1, p_2, \ldots, p_n, \ldots$$
> が点 q に **収束する** とは，正の数 ε が与えられるごとに，番号 N がとれて，
> $$n \geqq N \text{ のとき必ず } d(p_n, q) < \varepsilon$$
> が成立することをいう．

▶ 点の ε-近傍

ところで，p_n から q までの距離が ε 未満であること（$d(p_n, q) < \varepsilon$）は，また q の周囲の半径 ε 未満の範囲に p_n が入る，ということでもあります．この q の周囲の半径 ε 未満の範囲は集合の言葉では

$$\{x \in \mathbb{R}^m \mid d(x, q) < \varepsilon\}$$

と書くことができます．いまこの集合を

$$U(q; \varepsilon)$$

と書いたとすると，点列 p_n（$n = 1, 2, 3, \ldots$）が点 q に収束することは，

> 正の数 ε が与えられるごとに，番号 N をうまく選べば，
> $$n \geqq N \text{ のとき必ず } p_n \in U(q; \varepsilon)$$
> となる．

といいあらわすことができます．

これは単に不等式 $d(p_n, q) < \varepsilon$ を集合の言葉で $p_n \in U(q; \varepsilon)$ と書きかえただけ，記号をややこしくしただけのようにも見えます．しかし，結論をくだすのは，他のいろいろの概念がこの集合の言葉で表現されるありさまを見てからにし

ましょう．

ひとまず，この $U(q;\varepsilon)$ に名前をつけます．

> **定義**
>
> m 次元空間の点 q と正の数 ε に対して，集合
> $$\{x \in \mathbb{R}^m \mid d(x,q) < \varepsilon\}$$
> のことを $\mathbb{R}^m$ における，点 q の **ε-近傍**と呼び，$U(q;\varepsilon)$ と書く．

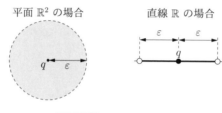

図5.2 点 q の ε-近傍

このように ε-近傍というものを定義したので，点列の収束の定義は次のようにいいなおせます．

> **命題**
>
> m 次元空間 $\mathbb{R}^m$ の点列
> $$p_1, p_2, \ldots, p_n, \ldots$$
> が点 q に収束するためには，正の数 ε が与えられるごとに，たかだか有限個の例外を除くすべての番号 n で $p_n \in U(q;\varepsilon)$ となることが，必要かつ十分である．

点集合 A と，A に属する点 p があったとき，p の ε-近傍を A に制限したものを考えると便利なことがよくあります．それにも名前をつけましょう．

> **定義**
>
> m 次元空間の点集合 A と，A に属する点 p を考える．正の数 ε に対して，集合 $\{x \in A \mid d(x,p) < \varepsilon\}$ すなわち $A \cap U(p;\varepsilon)$ のことを，**点集合 A における，点 p の ε-近傍**と呼び，$U_A(p;\varepsilon)$ と書く．

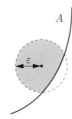

図 5.3 点集合 A に相対化された ε-近傍

添え字なしで $U(p;\varepsilon)$ と書いた場合は，直線なり平面なり，そのとき考えている空間全体における ε-近傍という意味だとします．また，$A \cap U(p;\varepsilon)$ を $U_A(p;\varepsilon)$ と表記するのは点 p が点集合 A に属する場合に限ることに注意しましょう．

5.3 写像の連続性

点集合 X と Y があったとして，写像 $f\colon X \to Y$ を考えます．点集合 X の点 p において写像 f が連続であるということを，X の点 x が p に十分近くさえすれば，Y の点 $f(x)$ は $f(p)$ にいくらでも近くなる，という意味だとします．

点列の収束について考えたときに議論したとおり，この「近さ」は距離関数で測られます．ですから，$f(x)$ は $f(p)$ にいくらでも近くなる，という先ほどの表現も，

$$d(x,p) \text{ を十分小さくさえすれば,}$$
$$d(f(x),f(p)) \text{ をいくらでも小さくできる}$$

という形をとることになります。ここで，$d(x,p)$ を十分小さくする，と表現した部分は，

$$なにかある正の数 \delta \text{ に対して } d(x,p) < \delta$$

ということだとしましょう。この δ を必要に応じて小さくとることによって，「十分小さい」が，そのつど実現できると考えるのです。いっぽう，$d(f(x),f(p))$ がいくらでも小さくできる，ということを，

$$正の数 \varepsilon \text{ が与えられるごとに，}$$
$$不等式 d(f(x),f(p)) < \varepsilon \text{ が成立するための}$$
$$条件を整えてやれる$$

ということだと考えます。ε をどれほどゼロに近くとっても，$\varepsilon > 0$ であるかぎり，一定の条件をみたす x については $d(f(x),f(p)) < \varepsilon$ が成立するというわけです。そして，ここではその「一定の条件」というのは「$d(x,p)$ が，ある正の数 δ より小さいこと」なのでした。

そこで，点 p において写像 f が連続であるということは，

$$任意に与えられた正の数 \varepsilon \text{ に対して，}$$
$$正の数 \delta \text{ を上手に選べば，}$$
$$不等式 d(x,p) < \delta \text{ をみたすすべての } x \text{ について}$$
$$もれなく不等式 d(f(x),f(p)) < \varepsilon \text{ が成立する}$$

ということになります。

さて，ここに登場した2つの不等式ですが，$d(x,p) < \delta$ は x が p の δ-近傍に属するということです。また $d(f(x),f(p)) < \varepsilon$ は $f(x)$ が $f(p)$ の ε-近傍に属するということですね。

点集合 X における点 p の δ-近傍は $U_X(p;\delta)$ と書かれるのでした。

$$U_X(p;\delta) = \{\, x \in X \mid d(x,p) < \delta \,\}$$

同様に，点集合 Y における点 $f(p)$ の ε-近傍は $U_Y(f(p);\varepsilon)$ と書かれます。

$$U_Y(f(p);\varepsilon) = \{\, y \in Y \mid d(y, f(p)) < \varepsilon \,\}$$

ですから,「不等式 $d(x,p) < \delta$ をみたすすべての x についてもれなく不等式 $d(f(x), f(p)) < \varepsilon$ が成立する」という条件は, ε-近傍の言葉を使って

$x \in U_X(p;\delta)$ となるすべての x についてもれなく $f(x) \in U_Y(f(p);\varepsilon)$ となる

と書けることになります. わたくしたちはひとまずこれを, 写像 $f\colon X \to Y$ が点 p において連続であることの定義とします.

定義

点集合 X から点集合 Y への写像 $f\colon X \to Y$ が, X に属する点 p **において連続**であるとは, 任意に与えられた正の数 ε に対して, 正の数 δ を上手に選べば, $x \in U_X(p;\delta)$ となるすべての点 x について $f(x) \in U_Y(f(p);\varepsilon)$ となることだとする.

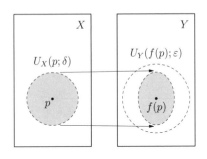

図 5.4

この連続性の正式な定義は, すこし込み入った印象を与えますが, いわんとするところは,「x が p に十分近くしさえすれば, $f(x)$ は $f(p)$ にいくらでも近くなる」という直観的な内容に他なりません. ただ, そのアイデアを数学的に正確に書いたらこうなるよ, というだけのことです.

まあ, そうはいっても, 数学的にきちんと扱えて, さらに直観的にとらえやすい定義の言い換えがあれば, それに越したことはありません. その願いを, 次の定理が叶えてくれます.

> **定理**
>
> 点集合 X から点集合 Y への写像 $f: X \to Y$ が与えられているとする．このとき X の各点 p について次の (1) と (2) は同値である：
>
> (1) f は点 p において連続である．
> (2) X の点列 $p_1, p_2, \cdots, p_n, \cdots$ が点 p に収束するならば，Y の点列 $f(p_1), f(p_2), \cdots, f(p_n), \cdots$ は点 $f(p)$ に収束する．

この定理の証明は，いわゆるイプシロン−デルタ論法の典型的な例になっています．

▶ **(1) ⇒ (2) の証明**

前のセクションでの定義を復習すると，点列 $f(p_n)$（$n = 1, 2, \ldots$）が点 $f(p)$ に収束するとは，

㋐ 正の数 ε がどのように与えられても，これに対して番号 N を十分大きくとりさえすれば，$n \geqq N$ であるようなすべての番号 n について $f(p_n)$ が $f(p)$ の ε-近傍に属する

ということでした．ここでは，点集合 X の点列 p_n（$n = 1, 2, \ldots$）が点 p に収束する，という仮定から，㋐が導かれることを，条件 (1) を用いて示せばよいわけです．

点集合 X の点列 p_n（$n = 1, 2, \ldots$）が点 p に収束する，というこの仮定を，先ほどの㋐と同様に，定義にもとづいて書きなおせば

㋑ 正の数 δ がどのように与えられても，これに対して番号 N を十分大きくとりさえすれば，$n \geqq N$ であるようなすべての番号 n について p_n が p の δ-近傍に属する

ということになります．ここで正の数をあらわす名前を δ に書き換えたのにはちょっとした理由があるのですが，この名前は（議論の最初に固定された f や p や p_n と違って），任意の正の数を表示するためのかりそめの名前ですから，

この変更にはまったく害はないでしょう．

さて，与えられた条件 (1) すなわち f が点 p において連続であることは，

> ㋒ 正の数 ε がどのように与えられても，これに対して正の数 δ を十分小さくとりさえすれば，X における p の δ-近傍に属するすべての点 x について $f(x)$ は Y における $f(p)$ の ε-近傍に属する

ということでした．

これから示すべきことは㋑と㋒が成立しているという仮定のもとで，㋐が成立することです．ここで㋐の主張は，正の数 ε が与えられるごとに番号 N を選べる，という内容です．ですから，何かしら ε という正の数が与えられたものとしましょう．

この正の数 ε に対して，㋒によれば，正の数 δ を次のようにうまく選んでくることができます．すなわち，$U_X(p;\delta)$ に属する点 x について必ず $f(x)$ が $U_Y(f(p);\varepsilon)$ に属するのでした．

さらに，いま選ばれたこの正の数 δ に対して，㋑によれば，番号 N がうまく選べて，$n \geqq N$ であるような番号 n についてはもれなく p_n が $U_X(p;\delta)$ に属するのでした．

ということは，与えられた正の数 ε に対して㋒のように正の数 δ をとり，さらにその δ に対して㋑のように番号 N をとれば，$n \geqq N$ であるような番号 n について，もれなく $f(p_n)$ が $U_Y(f(p);\varepsilon)$ に属することになります．

このことは，㋐が成立していることを意味しています．

目標となる㋐では，与えられた正の数 ε に対して番号 N を選んでみせることが求められているわけですが，そのためにわたくしたちは㋒を利用して ε から δ を見つけ，次に㋑を利用して，この δ から N を得ています．先ほど㋑を書き出したときに，定義では ε と書かれる正の数の名前を δ に変更した「ちょっとした理由」というのは，この連携を想定してのことです．このように「あっちのデルタをこっちのイプシロンにして条件を連携させる」というのが，イプシロン－デルタ論法の難しいところでもあり，また面白いところでもあります．

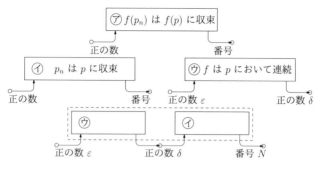

図 5.5 ④と⑦を連携させて⑦を実現する

▶ (2) ⇒ (1) の証明

この証明では，実際には (2) ⇒ (1) の対偶を証明します．すなわち，(1) が成立していないという仮定のもとで，(2) の成立しないような点列 p_n ($n = 1, 2, \ldots$) を見つけるのです．

それでは (1) が成立していないとはどういうことでしょうか．このことは⑦が否定されるということですので，次のように書けることになるでしょう：

> ㊁ある正の数 ε に対して次のことが成立する：正の数 δ をどんなに小さくとろうとも，$x \in U_X(p; \delta)$ かつ $f(x) \notin U_Y(f(p); \varepsilon)$ をみたす X の点 x がどうしても存在してしまう．

ここで「どんなに小さく」とか「どうしても」とか「してしまう」などの表現は数学的な事態そのものではなく，それをわたくしたちがどう見るか，いかなる意味に受けとるかを反映しているのです．こうしたニュアンスの表現を適切に選べば，命題の内容を理解する手がかりとして有効になるいっぽう，不適切な言葉を用いてしまうと，とたんに誤解の可能性が高まってしまいます．数学は国語ではありませんが，数学について読んだり書いたりする場合には，国語の問題に直面することは，やはり避けられません．

ともあれ，㊁の主張するとおりに正の数 ε をとったとします．このとき，どんな正の数 δ をとっても，それに対して X の点 x を $x \in U_X(p; \delta)$ かつ $f(x) \notin U_Y(f(p); \varepsilon)$ となるようにとれます．正の数 δ は何でもよいというのですから，順次 $1, 1/2, \ldots, 1/n, \ldots$ を δ だと思って X の点 x をとり，番号

n に対して決まる x を p_n と呼ぶことにすれば, $n = 1, 2, \ldots$ に対して

$$p_n \in U_X(p; \frac{1}{n}) \quad \text{かつ} \quad f(p_n) \notin U_Y(f(p); \varepsilon)$$

が成立するように X の点の列 p_n ($n = 1, 2, \ldots$) がとれます. いま $d(p_n, p) < 1/n$ なので p_n は p に収束しますが, 他方で $f(p_n)$ は $f(p)$ の ε-近傍に属しないので, 点列 $f(p_n)$ ($n = 1, 2, \ldots$) は $f(p)$ には収束しません. これは (2) が成立していないことを意味しています. こうして (1) を否定すれば一緒に (2) も否定されることがわかったのですから, (2) が成立している場合には (1) も必ず成立していることになります. これが示すべきことでした.

この議論では, ㊤の主張を, あたかも δ を受けとって X の点 x を見つける「仕掛け」であるかのように用いています.

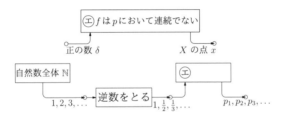

図 5.6

番号 n ごとにその逆数 $1/n$ をこの仕掛けに食わせ, それに対して仕掛けが吐き出した点を並べて点列 p_n ($n = 1, 2, \ldots$) を得ているわけです.

点集合の間の連続写像は, 微分・積分をはじめとする解析学の主役です. とくに高校までの数学で出会うほとんどの関数, 多項式や三角関数, 指数関数や対数関数などは, どれもその自然な定義域から実数直線への連続写像になっています. ですから, 連続写像の例を挙げるのは決してむずかしくありません.

いっぽう, わたくしたちの議論の要点はカントールが発見した平面と直線の間の全単射が連続写像ではない, という所にありました. ここでは, 第 4 章の最後に紹介した, 区間と正方形の間の全単射が連続写像でないことを確認してみます.

セクション 4.4 での議論を思い出しましょう．わたくしたちは，実数 t を無限 2 進小数に展開して，数字 0 と 1 の並びを，0 と 0 にはさまれた 1 の並びとみなすことによって，0 以上 1 未満の実数を，非負整数の無限列と対応させたのでした．それから，非負整数の無限列を奇数番目の項の列と偶数番目の項の列という 2 つの無限列に分けて，それぞれをふたたび 0 以上 1 未満の実数に戻しました．そうすれば，全体として，半開区間 $I = [0, 1)$ から正方形 I^2 への全単射が得られます．

この全単射が連続写像でないことを証明するには，先ほどの定理の (2) が成立しない点 p が区間 I 上に少なくとも 1 つ存在することを示せばよいのです．

実数の列

$$\frac{1}{4}, \frac{3}{8}, \frac{7}{16}, \ldots, \frac{2^n-1}{2^{n+1}}, \ldots$$

は，半開区間 $I = [0, 1)$ に属する点の列であり，実数 $1/2$ に収束します．この実数 $1/2$ も半開区間 I に属する点のひとつです．これらの実数を 2 進小数展開すれば，

$$1/4 = 0.010000000\cdots \text{ (2)}$$
$$3/8 = 0.011000000\cdots \text{ (2)}$$
$$7/16 = 0.011100000\cdots \text{ (2)}$$
$$\vdots$$
$$(2^n-1)/2^{n+1} = 0.0\overbrace{11\cdots 11}^{n\text{ 桁}}0\cdots \text{ (2)}$$
$$\vdots$$
$$1/2 = 0.011111111\cdots \text{ (2)}$$
$$= 0.100000000\cdots \text{ (2)}$$

となります．このことから，与えられた点列の第 n 項 $(2^n-1)/2^{n+1}$ は非負整数の無限列

$$[0, n, 0, 0, 0, 0, \ldots]$$

に対応します．また，実数 $1/2$ に対応する非負整数の無限列は

$$[1, 0, 0, 0, 0, 0, \ldots]$$

です.

ということは，わたくしたちの与えた I から I^2 への全単射で，点列の第 n 項 $\dfrac{2^n-1}{2^{n+1}}$ は I^2 の点

$$\left\langle 0, \frac{2^n-1}{2^n} \right\rangle$$

に対応し，点列の極限値である実数 $1/2$ は I^2 の点

$$\left\langle \frac{1}{2}, 0 \right\rangle$$

に対応します．この点は，点列 $\langle 0, (2^n-1)/2^n \rangle$ の極限値ではありませんから，セクション 4.4 でわたくしたちが与えた I から I^2 への全単射は，連続写像ではなかったことになります．

さてしかし，要素の個数が 1 個かゼロ個である特別な場合を別にすれば，2 つの集合の間の全単射は，1 つあれば多数あります．わたくしたちが与えた全単射は連続写像ではありませんでしたが，この議論では，他に連続な全単射が存在する可能性までは排除していません．I から I^2 への全単射は無数に存在するのですから，そのひとつひとつについてそれが連続写像でないことを個別に検証していてはきりがありません．

区間 I と正方形 I^2 の間の連続な全単射はあるのかないのか．そしてまた，I と I^2 が違うというわたくしたちの直観をどのように数学的に定式化できるのか．

こうしたことについて，さらに議論が必要なようです．

5.4 内部と外部と境界

集合とはものの集まりで，集合 A があれば，ひとつひとつのものはこの A に属するか属しないか，2 つに 1 つ，どちらかしかありません．これだけは，A がどんな集合でも同じことです．直線や平面における点集合だって，例外ではありません．

それでも，たとえば実数直線上の閉区間 $[a,b]$ に左端の a が属するのと，中点 $\frac{a+b}{2}$ が属するのとでは，少し様子が違うように見えます．もちろん，どちらも $[a,b]$ に属する・要素である，という意味では違いなどないのですが，中点 $\frac{a+b}{2}$ の左右両側にはこの区間に属する点ばかりが集まっているのに対して，左端の a にとっては，自分よりちょっとでも左に行くと，もう区間 $[a,b]$ に属する点はありません．いわば a には「外の風が当たる」状態になっています．

平面の円板
$$D = \{\,\langle x,y\rangle \in \mathbb{R}^2 \mid x^2 + y^2 \leqq 1\,\}$$
について，その中心 $\langle 0,0\rangle$ と周上の点 $\langle 1,0\rangle$ を比較してみても同様のことがわかります．$\langle 0,0\rangle$ の周囲には D に属する点ばかりが集まっていますが，$\langle 1,0\rangle$ の周囲をみれば，いくらでも近くに D に属しない点があり，$\langle 1,0\rangle$ には D の外の風が当たっています．

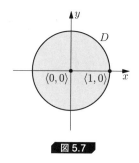

図5.7

以上のような観測を，数学的な概念として定式化したのが，**内点・外点・境界点**の概念です．

> **定義**
>
> $\mathbb{R}^m$ の部分集合 A と $\mathbb{R}^m$ の点 p を考える．もしもある正の数 ε について
> $$U_{\mathbb{R}^m}(p;\varepsilon) \subseteq A$$
> となるなら，p は A の**内点**であるという．

これはつまり，点 p にうんと近い点はすべて A に属する，ということです．

先ほどの平面上の円板 D の場合，その中心 $\langle 0,0 \rangle$ については，円板の定義から，中心から距離 1 以下の点はすべてこの円板上にあるはずで，

$$U_{\mathbb{R}^2}(\langle 0,0 \rangle; 1) \subseteq D$$

ですから，$\langle 0,0 \rangle$ は D の内点です．別の点 $p_1 : \langle \frac{1}{2}, \frac{2}{3} \rangle$ をみましょう．

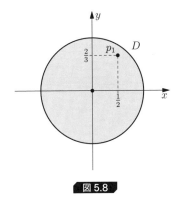

図 5.8

この点 p_1 から原点までの距離は

$$\sqrt{\left(\frac{1}{2}\right)^2 + \left(\frac{2}{3}\right)^2} = \sqrt{\frac{25}{36}} = \frac{5}{6}$$

なので p_1 自身は D に属します．別のある点 p から点 p_1 までの距離が $\frac{1}{6}$ 未満であれば，三角不等式によって

$$d(p, \langle 0,0 \rangle) \leqq d(p, p_1) + d(p_1, \langle 0,0 \rangle) < \frac{1}{6} + \frac{5}{6} = 1$$

となるので，$p \in D$ ということになります．これはつまり，点 p_1 の $\frac{1}{6}$-近傍が D に含まれる

$$U_{\mathbb{R}^2}(p_1; \frac{1}{6}) \subseteq D$$

ということですから，この点 p_1 も D の内点です．

では，周上の点 $p_2 : \langle 1, 0 \rangle$ はどうでしょうか．

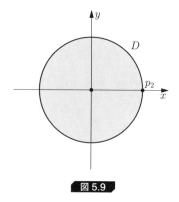

図 5.9

まず，p_2 から原点までの距離はちょうど 1 なので，p_2 は集合 D に属します．ところが，点 p_2 は D の内点ではありません．このことを確認するために，正の数 ε が与えられたとして，点 $q : \langle 1 + \varepsilon/2, 0 \rangle$ を考えましょう．q から p_2 までの距離は $\varepsilon/2$ ですから，q は p_2 の ε-近傍 $U_{\mathbb{R}^2}(p_2; \varepsilon)$ に属します．いっぽう，q から原点までの距離は $1 + \varepsilon/2$ で 1 より大きいのですから，q は D には属しません．ということは，$U_{\mathbb{R}^2}(p_2; \varepsilon)$ は D の部分集合にならないわけです．ここで ε は正の数であればなんでもよかったので，いかなる正の数 ε についても $U_{\mathbb{R}^2}(p_2; \varepsilon) \not\subseteq D$ となり，点 p_2 は D の内点ではありません．

この点 $p_2 : \langle 1, 0 \rangle$ のように，どんな近くにも D に属する点もあれば属しない点もある，という条件をみたす点のことを**境界点**と呼ぶのです．

定義

$\mathbb{R}^m$ の部分集合 A と $\mathbb{R}^m$ の点 p を考える．もしもどんな正の数 ε に対しても

$$U_{\mathbb{R}^m}(p; \varepsilon) \cap A \neq \emptyset \text{ かつ } U_{\mathbb{R}^m}(p; \varepsilon) \not\subseteq A$$

となるなら，p は A の**境界点**であるという．

一般には，点集合 A の境界点は，A に属する場合も属しない場合もあります．点 p が点集合 A の内点でも境界点でもない，という場合を考えると，まず境

界点でないことから，ある正の数 ε について

$$U_{\mathbb{R}^m}(p;\varepsilon) \cap A = \emptyset \text{ または } U_{\mathbb{R}^m}(p;\varepsilon) \subseteq A$$

が成立しているはずですが，さらに A の内点でもないとすると，$U_{\mathbb{R}^m}(p;\varepsilon) \subseteq A$ が成立していないわけですから，

$$U_{\mathbb{R}^m}(p;\varepsilon) \cap A = \emptyset$$

となっている，すなわち，点 p の近くには A の点が p 自身を含めて 1 個もない，という状態になっています．このような点 p は点集合 A の**外点**であるといいます．

> **定義**
>
> $\mathbb{R}^m$ の部分集合 A と $\mathbb{R}^m$ の点 p を考える．もしもある正の数 ε について
>
> $$U_{\mathbb{R}^m}(p;\varepsilon) \cap A = \emptyset$$
>
> となるなら，p は A の**外点**であるという．

この定義から，A の外点であることと，補集合 $\mathbb{R}^m \setminus A$ の内点であることとは，ちょうど同じことの言い換えになっています．

ここまでの話をまとめましょう．次の図では，点 p_1 が点集合 A の内点，p_2 が A の境界点，p_3 が A の外点です．

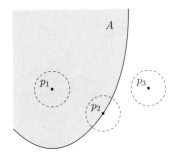

図 5.10 内点・境界点・外点

内点はある ε-近傍が A にすっぽり含まれる点, 外点はある ε-近傍がきっぱりと A と切り離されているような点, そのどちらでもなく, 内と外の両側からいくらでも近寄れるのが境界点というわけです.

点集合 A が与えられるごとに, 空間全体の各点が, A の内点か, 境界点か, 外点か, どれかひとつだけに該当することになります.

- 点集合 A の内点全体の集合を A の**内部**と呼び, $\mathrm{Int}(A)$ と書きます
- 点集合 A の境界点全体の集合を A の**境界**と呼び, $\mathrm{Bd}(A)$ と書きます
- 点集合 A の外点全体の集合を A の**外部**と呼び, $\mathrm{Ext}(A)$ と書きます

空間 $\mathbb{R}^m$ に点集合 A が与えられることで, 空間が

$$\mathrm{Int}(A) \quad \mathrm{Bd}(A) \quad \mathrm{Ext}(A)$$

という, 互いに共通の要素のない 3 つの部分集合に分割されるのです.

平面上の円板 D の場合に図示するなら,

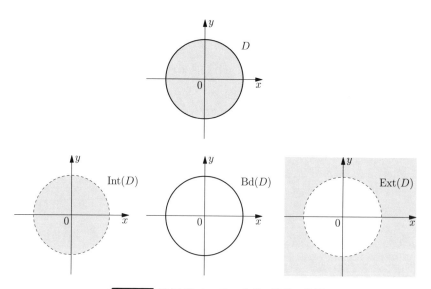

図 5.11 円板 D と, その内部・境界・外部

となります.

境界点を ε-近傍の言葉で定義し, その全体を境界と呼ぶことで, そうでなけ

れば図を描いて目で見て判断するしかなかった境界というものを，集合の言葉で定式化できるようになったわけです．

ただし，境界をこのように定式化したことで，奇妙な例にも出会うことになります．

たとえば実数直線 $\mathbb{R}$ において有理数全体のなす点集合 $\mathbb{Q}$ を考えてみましょう．すると「どんな実数も有限小数によって好きなだけ高い精度で近似できる」という事実の結果として，$\mathbb{Q}$ には外点が存在しないことになります．いっぽう，$\mathbb{Q}$ は可算集合であって，区間を埋め尽くすことはないのでした．ですからどんな区間にも必ず無理数が属しており，したがって，$\mathbb{Q}$ には内点も存在しません．どの実数のどの ε-近傍も，有理数と無理数の両方を必ず含む，ということは，どの実数も $\mathbb{Q}$ の境界点になっているということです．$\mathbb{Q}$ の境界は実数直線全体になるのです．

点集合としての $\mathbb{Q}$ 自身よりその境界の方が大きいというのは，一見すると変な話です．これは，点集合というものが，従来「図形」と呼ばれていたものよりはるかに広範囲にわたるため，わたくしたちの想像力の枠に収まらない現象が生じたことを意味します．フーリエ級数の理論が関数のイメージを書き換え，定義の刷新を迫ったのと同様で，こうしたことは数学の歴史においてしばしば起こったことです．研究対象が広がるに従って，わたくしたちの想像力を鍛え直す必要があるのです．

5.5 閉包

第3章で，実数直線上の点集合の集積点という概念を定義しました．この概念は，平面や $\mathbb{R}^m$ の点集合にただちに拡張できます．

> **定義**
>
> $\mathbb{R}^m$ の部分集合 A と $\mathbb{R}^m$ の点 p を考える．どんな正の数 ε についても p の ε-近傍が A に属する点を無数に含むならば，点 p を A の**集積点**であるという．点集合 A の集積点全体の集合を A の**導集合**といい，A' と書く．

点集合 A の集積点は A に属することもあれば，属しないこともあります．また，A に属する点は A の集積点であることもあれば，そうでないこともあ

ります．A に属するけれども A の集積点でないような点を A の**孤立点**といいます．これは，点 p の十分近くには，p 自身の他には A に属する点がないということを意味しますので，次のように定義しても同じことになります．

> **定義**
>
> $\mathbb{R}^m$ の部分集合 A と $\mathbb{R}^m$ の点 p を考える．ある正の数 ε について，
> $$A \cap U_{\mathbb{R}^m}(p; \varepsilon) = \{p\}$$
> が成立するならば，点 p を A の**孤立点**であるという．

点集合 A に属するけれども導集合 A' に属しないのが A の孤立点ですので，集合の演算であらわすなら $A \setminus A'$ が A の孤立点の全体です．

では，点 p が点集合 A の集積点でも A の孤立点でもないとしたら，p は，A に対してどのような位置関係にあるでしょうか．点 p が A の集積点でないので，ある正の数 ε に対して，$A \cap U_{\mathbb{R}^m}(p; \varepsilon)$ が有限集合になります．いまこの有限集合に属する点を

$$A \cap U_{\mathbb{R}^m}(p; \varepsilon) = \{p_1, p_2, \ldots, p_k\}$$

と番号づけしたとしましょう．このとき k 個の数

$$d(p, p_1), d(p, p_2), \ldots, d(p, p_k)$$

はどれも正の数です．というのも，たとえば $d(p, p_1) = 0$ だとしたら，このとき $p = p_1$ なので $p \in A$ となり，p は A の孤立点ということになり，仮定に反するからです．そこで，これら k 個の正の数のうち最小のものを改めて ε とすれば，p に ε より近い点はどれも A に属しないことになり，

$$A \cap U_{\mathbb{R}^m}(p; \varepsilon) = \emptyset$$

が成立します．つまり，このとき p は A の外点です．

逆に，点 p が A の外点であれば，その近くには p 自身を含めて A の点が1個も存在しないのですから，p は A の集積点でも孤立点でもありえません．

こうして，空間 $\mathbb{R}^m$ の点は，A の集積点であるか，A の孤立点であるか，または A の外点であるか，どれか1つだけに該当することになります．こうして，

前のセクションでの分類とはまた別の仕方で，空間のすべての点が A との位置関係によって分類されます．

さて，前のセクションでの分類（内点・境界点・外点）と，このセクションでの分類（集積点・孤立点・外点）を比較すると，次のことがわかります．

定理

$\mathbb{R}^m$ の部分集合 A と $\mathbb{R}^m$ の点 p について，次の (1) ～ (7) は互いに同値である：

(1) p は A の外点でない．
(2) p は A に属するか，または A の境界点である．
(3) p は A の内点であるか，または A の境界点である．
(4) p は A に属するか，または A の集積点である．
(5) p は A の集積点であるか，または A の孤立点である．
(6) すべての正の数 ε について p の ε-近傍と A との共通の要素がある：$A \cap U_{\mathbb{R}^m}(p; \varepsilon) \neq \emptyset$．
(7) p に収束するような，A に属する点ばかりからなる点列 p_n（$n = 1, 2, \ldots$）がとれる．

これらの同値な条件をみたす点 p の全体を A の**閉包**と呼び，$\mathrm{Cl}(A)$ と書きます．この定義と上の定理から，等式

$$\mathrm{Cl}(A) = \mathbb{R}^m \setminus \mathrm{Ext}(A) = A \cup \mathrm{Bd}(A) = \mathrm{Int}(A) \cup \mathrm{Bd}(A) = A \cup A'$$

が成立します．

イメージをつかむために，いくつかの例を見ましょう．

実数直線において，開区間 (a, b) の集積点は $a \leqq x \leqq b$ をみたすすべての実数 x で，孤立点は存在しません．開区間 (a, b) の閉包 $\mathrm{Cl}((a, b))$ は閉区間 $[a, b]$ です．

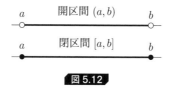

図 5.12

実数直線において，正の整数の逆数の集合

$$S = \left\{ \left. \frac{1}{n} \right| n = 1, 2, \ldots \right\}$$

の集積点は数 0 ただひとつで，S に属する $1/n$ はどれも孤立点です．S の閉包 $\mathrm{Cl}(S)$ は S に $1/n$ の極限である 0 を加えた $\{0\} \cup S$ です．

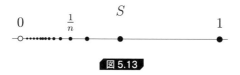

図 5.13

前のセクションの最後に述べたように，実数直線において有理数の全体のなす集合 $\mathbb{Q}$ の境界は $\mathbb{R}$ 全体になるので，$\mathbb{Q}$ の閉包は $\mathbb{R}$ 全体です：

$$\mathrm{Cl}(\mathbb{Q}) = \mathbb{R}$$

平面において，円板

$$D = \{ \langle x, y \rangle \mid x^2 + y^2 \leqq 1 \}$$

に属する点はすべて D の集積点になっています．D には孤立点がないので，$D' = D$ となります．このことから，D の閉包は D 自身であることがわかります．境界をとりはずして，「開いた円板」

$$B = \{ \langle x, y \rangle \mid x^2 + y^2 < 1 \}$$

を考えると，B に属する点はすべて B の集積点であるし，B の境界は単位円

$$C = \{\, \langle x, y \rangle \mid x^2 + y^2 = 1 \,\}$$

になるので，B の閉包 $\mathrm{Cl}(B)$ も D に一致します．

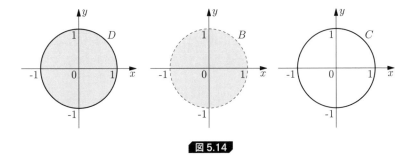

図 5.14

平面において，y 軸よりも右の部分

$$E = \{\, \langle x, y \rangle \mid x > 0 \,\}$$

を考えると，E に属する点はすべて E の内点です．E の境界は y 軸と一致しますので，E の閉包は E と y 軸の和集合です．すなわち，

$$\mathrm{Cl}(E) = \{\, \langle x, y \rangle \mid x \geqq 0 \,\}$$

となるわけです．

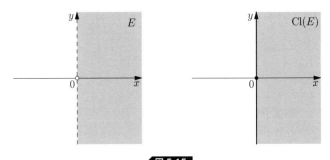

図 5.15

これらの例を通して，点集合 A の閉包 $\mathrm{Cl}(A)$ というのは，いくらでも近くに A に属する要素が存在するような点の全体であり，点列の極限値をとるとい

う操作によって A から到達できる点の全体である，ということが，わかっていただけるでしょうか.

5.6 開集合と閉集合

実数直線上の開区間と閉区間の違いは，開区間は両端の境界点を含まず，閉区間は境界点を含む，ということにありました．わたくしたちはすでに，一般の点集合 A の境界 $\mathrm{Bd}(A)$ を知っていますので，開区間と閉区間に相当する，開集合と閉集合を考えることができます．

前のセクションで指摘したとおり，空間 $\mathbb{R}^m$ に点集合 A が与えられることで，空間は A の内部・境界・外部へと分割されます：

$$\mathbb{R}^m = \mathrm{Int}(A) \cup \mathrm{Bd}(A) \cup \mathrm{Ext}(A)$$

このうち内部 $\mathrm{Int}(A)$ と境界 $\mathrm{Bd}(A)$ の和集合が A の閉包 $\mathrm{Cl}(A)$ です．

定義から，点集合 A の内点はある半径 ε の ε-近傍もろとも A に含まれるのですから，A の内部 $\mathrm{Int}(A)$ は A の部分集合です．すなわち，

$$\mathrm{Int}(A) \subseteq A$$

が成立します．また，点集合 A の外点は A の要素ではありえないので，A の要素はすべて A の閉包 $\mathrm{Cl}(A)$ に属します．すなわち，

$$A \subseteq \mathrm{Cl}(A)$$

が成立します．これら 2 つの $\subseteq$ で等号が成立する場合に注目して，次のように定義します．

> **定義**
>
> $\mathbb{R}^m$ の部分集合 A について,等式
> $$A = \mathrm{Int}(A)$$
> が成立するならば,A は**開集合**であるという.また,等式
> $$A = \mathrm{Cl}(A)$$
> が成立するならば,A は**閉集合**であるという.

すると,開区間と閉区間の場合と同様に,

$$A \text{ が開集合} \Leftrightarrow A \cap \mathrm{Bd}(A) = \emptyset$$

$$A \text{ が閉集合} \Leftrightarrow \mathrm{Bd}(A) \subseteq A$$

となります.開集合とは自分の境界を少しも含まない集合,閉集合とは自分の境界をすべて含む集合というわけです.

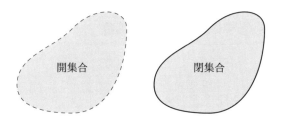

図 5.16 開集合と閉集合

ここで「開」と「閉」という言葉にあまり引きずられないようにしてください.日常的な言葉の用法では,ドアでも窓でも,開いているか閉じているか2つに1つで,開いていなければ閉じているし,閉じていなければ開いているのですが,開集合と閉集合の場合はそうではなくて,開集合でも閉集合でもない点集合はいくらでも考えられます.たとえば,1次元の場合の半開区間 $[a, b)$ や有理数の集合 $\mathbb{Q}$ は,$\mathbb{R}$ の部分集合として,開集合でも閉集合でもありません.半開区間

$[a, b)$ の場合は
$$\mathrm{Int}([a,b)) = (a,b), \quad \mathrm{Cl}([a,b)) = [a,b]$$
なので，半開区間はその内部とも閉包とも一致しません．また，有理数の集合 $\mathbb{Q}$ の場合も
$$\mathrm{Int}(\mathbb{Q}) = \emptyset, \quad \mathrm{Cl}(\mathbb{Q}) = \mathbb{R}$$
となり，内部も閉包も $\mathbb{Q}$ と一致しないのです．

　ここまでに定義した点集合の性質をめぐるいろいろの概念は，すべて，開集合の概念を用いて表現しなおすことができます．たとえば，点 p が点集合 A の集積点であるための条件は《$p \in U$ であるようなどんな開集合 U についても $A \cap U$ が無限に多くの点からなる》と書けます．また，点 p が A の境界点であることは《$p \in U$ であるようなどんな開集合についても $U \cap A$ と $U \setminus A$ の両方が空ではない》と書けます．点列の収束や写像の連続性にしても，その定義を，開集合の概念を用いて書くことができるのです．このことを手掛りにして，直線や平面のような具体的な対象から一般の「空間」へ，点集合のいろいろな性質を一般化して論じることができます．本書でもセクション 7.3 で簡単に触れていますが，これが「位相空間」の考え方です．

5.7 ｜ 位相同型写像と同相な点集合

次の図をみてください．

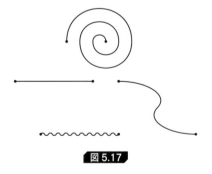

図 5.17

これらの曲線は,「曲がり方」はそれぞれに違いますが,いずれも交差も分岐もせずに一方の端からもう一方の端へ向かっており,同じ「つながり方」をしていることがわかります.ところが,次の曲線

図 5.18

は,2つの点をつなぐ道筋が2とおりあって,先ほどの曲線たちとは「つながり方」が違います.いっぽう,この曲線と

図 5.19

とは,「曲がり方」が少し違うだけで「つながり方」は同じといってよいでしょう.それでは次の曲線はどうでしょうか.

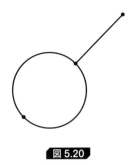

図 5.20

この曲線は，途中に T 字型のジャンクションがあり，上にあげた曲線のどれとも違う「つながり方」をしていることがわかります．

さて，わたくしたちの当面の目標は，直線と平面の「つながり方」あるいは「ひろがり方」の違いを，数学の言葉でうまくとらえることでした．この「つながり方」を区別するための基本的な言葉である「同相」ということを，ここで説明しましょう．

セクション 5.3 で述べた連続写像を思い出してください．連続写像は，点列の収束を保存する写像と考えることができました．点列 p_n （$n=1,2,\ldots$）が点 p に収束するときは，必ず点列 $f(p_n)$ （$n=1,2,\ldots$）が点 $f(p)$ に収束する，それが f が連続写像だということでした．ですから，次の図のように

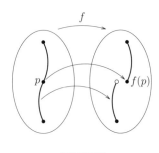

図 5.21

つながっているものを切り離してしまうようなことは，連続写像では起こらないのです．連続写像は，つながっている部分を切り離さず，つながったままに写す写像です．

直線と平面の間にカントールが構成した全単射は連続でなく，その意味で「つ

ながり方」を保ちませんでした．このことからさらに一歩を進めて，直線と平面の間に連続な全単射が存在しないことを証明すれば，つながり方を保とうとする限り直線と平面を 1 対 1 に写像しあうことができないこと，ひいては，直線と平面の「つながり方」が同じでないことが示せるでしょう．このことを，わたくしたちはセクション 5.9 で実行します．

それでは，2 つの点集合の「つながり方が同じ」ということは，連続な全単射が存在する，というのと同じことなのでしょうか．

実はそうでもないのです．次の図をみてください．

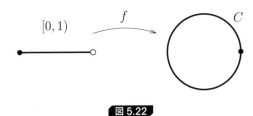

図 5.22

半開区間 $[0, 1)$ から円周 $C = \{\langle x, y \rangle \mid x^2 + y^2 = 1\}$ へは，連続な全単射 f を $f(t) = \langle \cos 2\pi t, \sin 2\pi t \rangle$ （ $0 \leq t < 1$ ）で定めることができます．しかし，半開区間と円周の「つながり方」は同じではありません．半開区間上を右に進むことで左端の点 0 にたどり着くことは不可能なのに，写像 f は閉区間上の点列

$$\frac{1}{2}, \frac{2}{3}, \dots, \frac{n}{n+1} \cdots$$

を，点 $f(0) = \langle 1, 0 \rangle$ に収束する点列に写してしまいます．

連続な全単射 f の逆写像 f^{-1} を考えると，

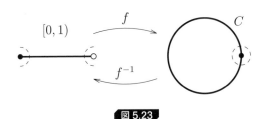

図 5.23

円周 C 上の点 $\langle 1, 0 \rangle$ の近傍が半開区間 $[0, 1)$ の両端近くに切り離されて写っています．定義域上のつながっていなかった両端を写像 f がつないでしまったために，逆写像は，つながっているものをつながっていないものに写すことになり，連続でなくなっているわけです．

連続写像は，つながっているものを，つながっているものに写します．しかし，この例のように，つながっていないものを，つながっているものに写してしまうこともあるのです．つながっているところをつながっているところに写すだけでなく，つながっていないところはつながっていないところに写すような全単射がなければ，「つながり方が同じ」とはいえないでしょう．

そこで，「連続な全単射」に，さらに「逆写像も連続」という条件をつけることで，つながっていないものを余分につないだりしないことを保証しましょう．こうして，わたくしたちは次の定義に到達します．

> **定義**
>
> 1つの点集合 A と B の間の写像 $f: A \to B$ が，(i) 連続写像であり，(ii) A から B への全単射であり，(iii) 逆写像 $f^{-1}: B \to A$ も連続写像である，という条件をみたすならば，f は A から B への**位相同型写像**であるという．

> **定義**
>
> 点集合 A から点集合 B への位相同型写像が存在する，という命題を，記号 $A \approx B$ であらわし，このとき A は B に**同相**であるという．

わたくしたちは，この「同相」ということが「つながり方が同じ」ということの数学的な表現だとするのです．

同相な点集合の例を見てみましょう．

▶ 例 1：円周と同相ないろいろの曲線

平面上で，ある点から出発して，同じ点を 2 度通らずにループを描いてもとの点にもどるひとつながりの閉じた曲線を，単純閉曲線といいます．次のようなものが単純閉曲線の例です．

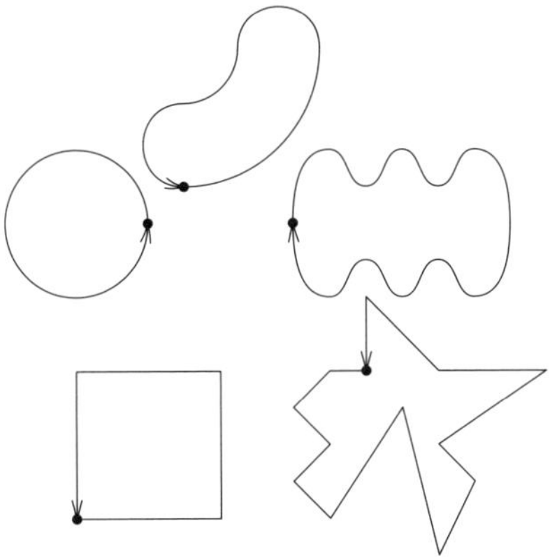

図 5.24　いろいろな単純閉曲線

このように，曲がり方こそさまざまですが，すべての単純閉曲線は，円周

$$C = \{\langle x, y\rangle \,|\, x^2 + y^2 = 1\}$$

と同相です．

　輪ゴムを変形させていろいろな閉曲線の形を作るところを想像してみてください．輪ゴムを切ったり結んだりしてしまわない限り，伸び方や曲がり方をいくら変えても，つながり方は変わらないのです．

　同相とは，伸び縮みや曲がり方を気にせずにつながり方だけを見れば同じと思える，ということなのです．

▶ 例 2：開区間と直線全体

開区間 $(-1, 1)$ は $\mathbb{R}$ と同相です．$-1 < x < 1$ に対して

$$f(x) = \frac{x}{1 - x^2}$$

と定義すると連続関数で，$-1 < x_1 < x_2 < 1$ のとき $f(x_1) < f(x_2)$ となるから単射です．任意の実数 y に対して，$y \neq 0$ のときは

$$x = \frac{-1 + \sqrt{4y^2 + 1}}{2y}$$

とおけば $-1 < x < 1$ かつ $y = f(x)$ となるし，$y = 0$ なら $y = f(0)$ である

ことは明らかですから，f は全射でもあり，$(-1, 1)$ から $\mathbb{R}$ への連続な全単射になっています．逆写像

$$f^{-1}(y) = \begin{cases} \dfrac{-1 + \sqrt{4y^2 + 1}}{2y} & (y \neq 0 \text{ のとき}) \\ 0 & (y = 0 \text{ のとき}) \end{cases}$$

は，ぱっと見たところ $y = 0$ での連続性が明らかではありませんが，すべての実数 y について

$$0 \leqq -1 + \sqrt{4y^2 + 1} = \frac{-1 + (4y^2 + 1)}{1 + \sqrt{4y^2 + 1}} = \frac{4y^2}{1 + \sqrt{4y^2 + 1}} \leqq \frac{4y^2}{2} = 2y^2$$

なので，$y \neq 0$ であるかぎり $|f^{-1}(y)| \leqq |y|$ となり，y が 0 に近づくとき $f^{-1}(y)$ が 0 に近づくことがわかります．

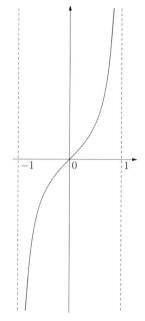

図 5.25 $f(x) = x/(1 - x^2)$ のグラフ

chapter 5　やっぱり平面と直線は違う

詳細は略しますが，同様の考え方で，開いた円板

$$B = \{\, \langle x, y \rangle \in \mathbb{R}^2 \mid x^2 + y^2 < 1 \,\}$$

と平面全体が，位相同型写像

$$f\colon B \to \mathbb{R}^2;\; \langle x, y \rangle \mapsto \left\langle \frac{x}{1 - \sqrt{x^2 + y^2}}, \frac{y}{1 - \sqrt{x^2 + y^2}} \right\rangle$$

によって同相であることも確かめられます．

▶例3：ステレオ投影

球面

$$S^2 = \{\, \langle x, y, z \rangle \in \mathbb{R}^3 \mid x^2 + y^2 + z^2 = 1 \,\}$$

と平面 $\mathbb{R}^2$ は同相ではありませんが，球面から点 $\langle 0, 0, 1 \rangle$ を取り除いた残りの集合

$$S^2 \setminus \{\langle 0, 0, 1 \rangle\} = \{\, \langle x, y, z \rangle \in \mathbb{R}^3 \mid x^2 + y^2 + z^2 = 1,\ z \neq 1 \,\}$$

は，$\mathbb{R}^2$ と，位相同型写像

$$f\colon \mathbb{R}^2 \to S^2 \setminus \{\langle 0, 0, 1 \rangle\};$$

$$\langle u, v \rangle \mapsto \left\langle \frac{2u}{1 + u^2 + v^2}, \frac{2v}{1 + u^2 + v^2}, \frac{-1 + u^2 + v^2}{1 + u^2 + v^2} \right\rangle$$

によって同相になります．（3次元空間の座標を $\langle x, y, z \rangle$ であらわしたので，混乱を避けるために平面の座標を $\langle u, v \rangle$ と書いています．）この写像は，次のように意味づけすることができます．球面 S^2 が赤道のところで平面 $z = 0$ と交わっているとすると，球面において北極に相当する点 $\langle 0, 0, 1 \rangle$ から平面上の点 $\langle u, v \rangle$（平面が三次元空間の XY 平面と考えればこれは $\mathbb{R}^3$ の点 $\langle u, v, 0 \rangle$ ということになります）へ向かって伸びる直線は，北極の他にもう1か所，球面上の点を通ることになります．この点を $f(\langle u, v \rangle)$ とするのです．

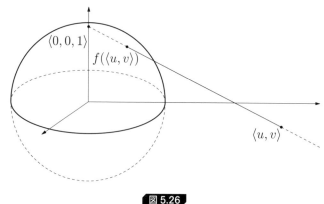

図 5.26

このように平面の点を球面に，あるいは逆に球面の点を平面に投影することをステレオ投影といい，幾何学や解析学で重要な考え方であるのはもちろんのこと，物理学の物質の結晶構造を調べる分野でも有用な手法になっています．

▶ 例 4：管状の図形と穴あきディスク

細長い筒のような曲面と，長いテープの両端を貼り合わせて輪にした曲面とは，長さと直径のスケールを変えればお互いにうつりあうので，同相です．

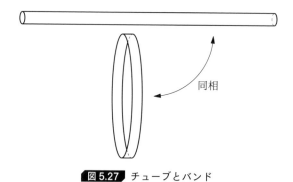

図 5.27 チューブとバンド

また，これらの図形は，5 円玉やコンパクトディスクのような穴あき円板の形と同相です．管状の曲面を

$$T = \{\, \langle x, y, z \rangle \in \mathbb{R}^3 \mid x^2 + y^2 = 1,\ 0 \leqq z \leqq 1 \,\}$$

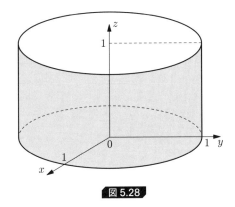

図 5.28

とし，5円玉の形が

$$S = \{\, \langle u, v \rangle \in \mathbb{R}^2 \mid 1 \leqq u^2 + v^2 \leqq 4 \,\}$$

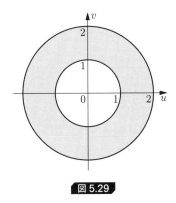

図 5.29

だったとすると，

$$\begin{cases} u = (1+z)x \\ v = (1+z)y \end{cases} \qquad \begin{cases} x = \dfrac{u}{\sqrt{u^2+v^2}} \\ y = \dfrac{v}{\sqrt{u^2+v^2}} \\ z = \sqrt{u^2+v^2} - 1 \end{cases}$$

というのが，T から S への連続な全単射とその逆写像になっています．

5.8 連結性

直線と平面は濃度こそ同じであれ，つながり方・ひろがり方が違います．ただ，そのつながり方・ひろがり方の違いを，これまでは「見るからに違う」という形でしかわたくしたちは認識していませんでした．カントールが直線と平面の間に全単射を作ったときに，そのことがあらためて問われることになりました．そして，つながり方・ひろがり方が同じ，とは同相ということだと，さしあたり定義しました．

それにしても，そもそも「つながっている」とはどういうことでしょうか．

1本の線分や1個の円周は，それぞれ，たしかにひとつながりの図形と考えられます．いっぽう，1本の線分と1個の円周を合わせてひとつの図形と考えた場合，これはやはり2つの部分に分かれているように見えます．

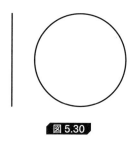

図 5.30

この図形が2つの部分に分かれているとわかるのは，線分と円周とが，距離的に離れているからかもしれません．

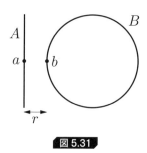

図 5.31

$a \in A$，$b \in B$ のとき $d(a,b) \geqq r$

では次の例はどうでしょうか.

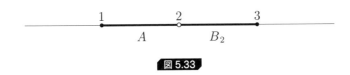

図 5.32

$$A = [1, 2), \quad B_1 = (3, 4], \quad C_1 = A \cup B_1$$

これはたしかに離れていますが,

図 5.33

$$A = [1, 2), \quad B_2 = (2, 3], \quad C_2 = A \cup B_2$$

この場合は A と B_2 はきびすを接していて,距離的に離れているわけではありませんが,しかし集合 C_2 は数 2 を境目にしてそこで左右に切れています.C_1 と C_2 は同相な図形なので,C_1 が 2 つの部分に分かれているとすれば,C_2 もやはり 2 つの部分に分かれているとせねばなりません.どうやら,距離という観点だけからでは,「つながっている」「離れている」という概念を定義するのは難しそうです.

わたくしたちは,2 つの点集合 A と B が**離れている**ということを,

$$A \cap \mathrm{Cl}(B) = \emptyset \quad \text{かつ} \quad \mathrm{Cl}(A) \cap B = \emptyset$$

となること,と定義します.閉包という集合の性質によると,$A \cap \mathrm{Cl}(B) = \emptyset$ とは「B の点の列は A の点に収束しない」ということ,$\mathrm{Cl}(A) \cap B = \emptyset$ とは「A の点の列は B の点に収束しない」ということです.そのような A と B は,点列の極限を求めるという操作で一方から他方に到達できないという意味で「離れて」いるわけです.2 つ以上の離れた部分集合に分かれるような点集合は「つながっている」とはいえません.

> **定義**
>
> $\mathbb{R}^m$ の部分集合 A について
> $$A = A_1 \cup A_2,$$
> $$A_1 \neq \emptyset,\ A_2 \neq \emptyset,$$
> $$\mathrm{Cl}(A_1) \cap A_2 = \emptyset,\quad A_1 \cap \mathrm{Cl}(A_2) = \emptyset$$
> をみたす部分集合 A_1 と A_2 がとれるなら，A は**不連結な集合**である．不連結でない集合のことを**連結な集合**という．

実数直線や線分がひとつながりの連結な図形であることは直観的にわかりますが，先ほどの定義の意味でも直線は確かに連結になっています．

> **定理**
>
> $\mathbb{R}$ は連結である．

証明 実数直線が共通の要素をもたない2つの空でない部分集合 A と B に分かれたと仮定しましょう：
$$\mathbb{R} = A \cup B,\ A \cap B = \emptyset.$$

集合 A と B からそれぞれ要素 $a \in A$ と $b \in B$ をとれば $a \neq b$ なので $a < b$ または $a > b$ となっています．どちらでも議論は同様なので，以下 $a < b$ であったとします．

半開区間 $[a, b)$ と集合 A の共通部分 $A \cap [a, b)$ を，仮に C と書いたとしましょう．$a \in C$ なので C は空ではありません．また C の要素はすべて b 未満の実数なので，C は上に有界です．ですからワイエルシュトラスの連続の原理により C の最小の上界が存在します．これを c と書きましょう：$c = \sup C$ このとき $a \leqq c \leqq b$ です．

正の数 r をどんなに小さく取っても ($c - r$ はもはや C の上界ではないので) $c - r$ より大きく c 以下の C の要素が存在します．したがって，c の r-近傍にはいつでも A の要素が存在します．すなわち，c は A の閉包に属します：

$c \in \mathrm{Cl}(A)$.

いっぽう，もしも $c < b$ であれば，半開区間 $(c, b]$ には A の要素は1個もないことになります．(そうでないと c が C の上界であるという定義に反します．) ですからこの場合 c のいくらでも近くに集合 B の要素があることになり，$c \in \mathrm{Cl}(B)$ となります．また $c = b$ であれば，$c \in B$ ですから，やはり $c \in \mathrm{Cl}(B)$ です．

こうして $c \in \mathrm{Cl}(A)$ かつ $c \in \mathrm{Cl}(B)$ となることがわかりました．ということは，

- もしも $c \in A$ ならば $c \in A \cap \mathrm{Cl}(B)$ なので $A \cap \mathrm{Cl}(B) \neq \emptyset$ である
- もしも $c \in B$ ならば $c \in \mathrm{Cl}(A) \cap B$ なので $\mathrm{Cl}(A) \cap B \neq \emptyset$ である

いずれか一方が成立するので，A と B は離れていないことになります．実数直線 $\mathbb{R}$ を互いに交わらない空でない2つの集合 A と B にどのように分けても，この2つの集合は離れていないというのですから，$\mathbb{R}$ は連結です．■

実をいうと，連結性の定義は，実数直線の「ひとつながりの線」という性質をいかにして数学的にきちんと定式化するかを追求した結果として得られたものです．実数直線は連結な点集合の一例であるだけでなく，連結性の定義そのもののモデルとなった重要な連結集合なのです．

さて，実数直線 $\mathbb{R}$ の連結性の証明の議論は，そのままで開区間，閉区間，半開区間，半直線といった図形の連結性の証明に用いることができます．とくに，閉区間 $[0, 1]$ の連結性は他のいろいろな点集合の連結性を議論するときの基礎になってくれます．次にこのことを説明しましょう．

連結な点集合についての次の定理はとても大切です．

定理

点集合 X から点集合 Y への連続写像 $f\colon X \to Y$ があったとする．A を X の任意の部分集合とする．A が連結であれば，その像 $f[A]$ も連結である．

証明 X の部分集合 A を考えます．いま，この A が連結集合だったとします．このとき，連結性の定義を $f[A]$ がみたすこと，すなわち，$f[A]$ を2つの離れた空でない部分集合に分けることができないことを確認しましょう．そのために，$f[A]$ を2つの空でない集合，B_1 と B_2 に分割したとします：

$$f[A] = B_1 \cup B_2,$$

$$B_1 \neq \emptyset, \quad B_2 \neq \emptyset$$

集合 A の点 p のうち $f(p) \in B_1$ をみたすものの全体を A_1 とし，また同様に A の点 p のうち $f(p) \in B_2$ をみたすものの全体を A_2 とします．

$$p \in A_i \iff (p \in A \text{ かつ } f(p) \in B_i) \quad (\text{ただし } i = 1, 2)$$

この定義は第4章で導入した記号では，

$$A_1 = A \cap f^{\leftarrow}[B_1], \quad A_2 = A \cap f^{\leftarrow}[B_2]$$

と書けます．B_1 と B_2 についての条件から

$$A = A_1 \cup A_2,$$

$$A_1 \neq \emptyset, \quad A_2 \neq \emptyset$$

となります．ところが A は連結集合なので，A_1 と A_2 は離れていないことになり，

$$\mathrm{Cl}(A_1) \cap A_2 \neq \emptyset \text{ または } A_1 \cap \mathrm{Cl}(A_2) \neq \emptyset$$

となっているはずです．いずれの場合もほぼ同様の議論となるので，ひとまず後者の $A_1 \cap \mathrm{Cl}(A_2) \neq \emptyset$ の場合を考えますと，点 p を A_1 と $\mathrm{Cl}(A_2)$ の共通部分からとれます：

$$p \in A_1 \text{ かつ } p \in \mathrm{Cl}(A_2).$$

そこで，p は A_1 に属する点であり，また，何か点列

$$p_1, p_2, \ldots, p_k, \ldots$$

を

$$p_k \in A_2 \quad (k=1,2,\ldots)$$

かつ

$$p = \lim_{k \to \infty} p_k$$

となるようにとれます．いま，$p \in A_1$ ということから

$$f(p) \in B_1$$

です．いっぽう，k について $p_k \in A_2$ ということから

$$f(p_k) \in B_2 \quad (k=1,2,\ldots)$$

であって，ここで f が連続写像であることを用いると，

$$f(p) = \lim_{k \to \infty} f(p_k)$$

となっていますから，$f(p)$ は B_2 に属する点の列の極限値になっています．したがって，$f(p) \in \mathrm{Cl}(B_2)$ となっています．こうして，B_1 と $\mathrm{Cl}(B_2)$ には $f(p)$ という共通の要素があることになって，

$$B_1 \cap \mathrm{Cl}(B_2) \neq \emptyset$$

となります．ですから B_1 と B_2 は離れていないことになります．もういっぽうの $\mathrm{Cl}(A_1) \cap A_2 \neq \emptyset$ の場合も同様です．こうして，$f[A]$ を離れた2つの空でない部分集合に分けることができない，すなわち $f[A]$ が連結であることが示されました． 終

▶道と弧状連結性

この2つの定理を利用して，より直観的にわかりやすい連結性の定義のバリエーションを与えることができます．

> **定義**
>
> X を点集合とする．X 内の**道**とは，X への閉区間 $[0,1]$ からの連続写像 $\varphi: [0,1] \to X$ のことだとする．このとき，$\varphi(0)$ を道 φ の**始点**，$\varphi(1)$ を道 φ の**終点**という．

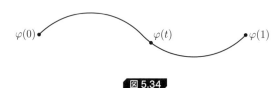

図 5.34

時間 t の進行とともに始点 $\varphi(0)$ から終点 $\varphi(1)$ へ点 $\varphi(t)$ が連続的に移動していくイメージが，つかんでいただけるでしょうか．

さて，次の図形 X では，点 p_0 を始点とし，点 p_1 を終点とする X 内の道が作れます．また p_2 を始点とし p_3 を終点とする X 内の道を作ることもできます．しかし，p_0 と p_2 の間，p_1 と p_2 の間，などには，X 内の道が存在しません．

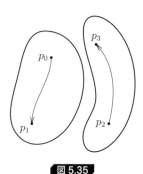

図 5.35

このように「道がつくか，つかないか」で「つながっているか，いないか」を判断できるとすれば，離れた集合への分割による先ほどの定義より，よほど直観的にわかりやすいではありませんか．では「点集合 X の 2 つの点をどのように選んでも，その一方を始点，他方を終点とする X 内の道が必ず見つかるとき，X を連結集合という」というのを，連結集合の定義としてはいけないのでしょうか．

実は，この「連結性」の定義は，先ほど与えた離れた集合への分割にもとづく定義と同値ではなく，別の概念になってしまいます．ですが，その意味するところが直観的に把握しやすく，また有用な概念でもあるので，それ自体にきちんと名前がついています．

定義

点集合 X が**弧状連結**であるとは，X に属する 2 つの点 p と q をどのように選ぼうとも，p を始点とし q を終点とする X 内の道が必ず見つかることをいう．

弧状連結性は，連結性（離れた部分集合への分割が不可能であること）より強い性質になっています．

定理

弧状連結な点集合は，連結である．

証明 点集合 A を考えます．いま，この A が弧状連結集合だったとします．この A を 2 つの空でない部分集合 A_0 と A_1 に分割したとしましょう：

$$A = A_0 \cup A_1,$$
$$A_0 \neq \emptyset, \quad A_1 \neq \emptyset$$

どちらも空集合でないというのですから，A_0 から点 p_0 をとり，A_1 から点 p_1 をとりましょう．A は弧状連結なので，このとき p_0 を始点とし p_1 を終点とする A 内の道 φ が存在します：

$$\varphi \colon [0,1] \to A, \quad \varphi(0) = p_0 \in A_0, \quad \varphi(1) = p_1 \in A_1$$

さて，道の像，すなわち $\varphi(t)$ の形の A の点全体のなす集合を C としましょう．C は A の部分集合で，閉区間 $[0,1]$ が連結であることから，C も連結集合です．$C_0 = A_0 \cap C$，$C_1 = A_1 \cap C$ とすると，$p_0 \in C_0$ かつ $p_1 \in C_1$ であり，したがって C_0 も C_1 も空ではありません．$C = C_0 \cup C_1$ なので，連結性から

$$\mathrm{Cl}(C_0) \cap C_1 \neq \emptyset \text{ または } C_0 \cap \mathrm{Cl}(C_1) \neq \emptyset$$

となっているはずです．ところが C_0 と C_1 とがそれぞれ A_0 と A_1 の部分集合なので，また $\mathrm{Cl}(C_0)$ と $\mathrm{Cl}(C_1)$ とはそれぞれ $\mathrm{Cl}(A_0)$ と $\mathrm{Cl}(A_1)$ の部分集合になり，したがって

$$\mathrm{Cl}(A_0) \cap A_1 \neq \emptyset \text{ または } A_0 \cap \mathrm{Cl}(A_1) \neq \emptyset$$

すなわち，A_0 と A_1 も離れていません． ■

いっぽう，連結だけれども弧状連結でない点集合の例として，「トポロジストのサイン・カーブ」と呼ばれる図形があります．これは $x = 0$，$-1 \leqq y \leqq 1$ によって決まる線分 C_1 と $y = \sin\dfrac{1}{x}$，$x > 0$ によって定まる曲線 C_2 の和集合 T です．線分 C_1 が曲線 C_2 の閉包に含まれ，そのため T は全体として連結な点集合になっていますが，曲線 C_1 上の点と線分 C_2 上の点は T 内の道で結べません．

図 5.36

ですから，上の定理の逆は，成立しません．

弧状連結性と連結性は同値ではありませんが，よく似たふるまいをするのも確かであり，連結性をめぐるいろいろの定理が，弧状連結性についても同様に成立するという例も，枚挙にいとまがありません．次の定理もその例です．

> **定理**
>
> 点集合 X から点集合 Y への連続写像 $f\colon X \to Y$ があったとする。A を X の任意の部分集合とする。A が弧状連結であれば，その像 $f[A]$ も弧状連結である。

証明 X の部分集合 A を考えます．いま，この A が弧状連結集合だったとします．このとき，$f[A]$ も弧状連結性の条件をみたすことを確認しましょう．$f[A]$ から2つの点 p と q を任意にとってきたとします．すると，これらは f による A の像に属するので，それぞれ A に属する点に f が与える値になっています．A の点 p_* と q_* を $f(p_*) = p$ かつ $f(q_*) = q$ となるようにとりましょう．すると，A の弧状連結性により，p_* を始点とし q_* を終点とする A 内の道 $\psi\colon [0,1] \to A$ が存在します．この ψ と f との合成写像を φ としましょう：$\varphi = f \circ \psi$．連続写像どうしの合成写像はまた連続写像になるので，φ は $f[A]$ 内の道になっています．そしてその始点と終点は

$$\varphi(0) = f(\psi(0)) = f(p_*) = p, \quad \varphi(1) = f(\psi(1)) = f(q_*) = q$$

です．このように，$f[A]$ の任意の2点について，一方を始点とし他方を終点とする $f[A]$ 内の道が存在するので，$f[A]$ は弧状連結なのです．**終**

5.9 平面と直線は同相でない

平面と直線が同相でないことを証明する準備が，そろそろ整ったようです．

平面 $\mathbb{R}^2$ から直線 $\mathbb{R}$ への，連続な全単射が存在しないことを証明しましょう．そうすれば，直線と平面との間の位相同型写像が存在しないことになります．というのも，位相同型写像とは，連続な全単射であって，とくに逆写像もまた連続であるような写像のことだったからです．

全単射 $f\colon \mathbb{R}^2 \to \mathbb{R}$ を考えます．示すべきことは，これが連続写像ではない ことです．

平面の原点 $\mathbf{0} = \langle 0, 0 \rangle$ に対して，実数 $f(\mathbf{0})$ を a と呼びましょう．

補題 1

平面の部分集合 $\mathbb{R}^2 \setminus \{\mathbf{0}\}$ の，写像 f による像は
$$f[\mathbb{R}^2 \setminus \{\mathbf{0}\}] = \mathbb{R} \setminus \{a\}$$
である．

写像 f は単射なので，f によって実数 a に写される平面上の点は $\mathbf{0}$ しかありません．ですから，その $\mathbf{0}$ が取り除かれた集合 $\mathbb{R}^2 \setminus \{\mathbf{0}\}$ の像には実数 a は属しません．いっぽう，f は全射でもあるので f の値域 $f[\mathbb{R}^2]$ は $\mathbb{R}$ 全体です．もしも y が a と異なるなら，$y = f(p)$ となるような平面上の点 p は原点 $\mathbf{0}$ と異なるはずです．そのような p は，平面から $\mathbf{0}$ が取り除かれた集合 $\mathbb{R}^2 \setminus \{\mathbf{0}\}$ に属していて，その結果 y は f による像 $f[\mathbb{R}^2 \setminus \{\mathbf{0}\}]$ に属するのです．こうして任意の実数 y について

- $y = a$ ならば y は $f[\mathbb{R}^2 \setminus \{\mathbf{0}\}]$ に属しない
- $y \neq a$ ならば y は $f[\mathbb{R}^2 \setminus \{\mathbf{0}\}]$ に属する

となったので，補題は示されたことになります．

次に，ここに現われた 2 つの集合 $\mathbb{R}^2 \setminus \{\mathbf{0}\}$ と $\mathbb{R} \setminus \{a\}$ が連結であるかどうかを考えます．

補題 2

平面の部分集合 $\mathbb{R}^2 \setminus \{\mathbf{0}\}$ は連結である．

集合 $\mathbb{R}^2 \setminus \{\mathbf{0}\}$ に属する 2 つの点 p と q が任意に与えられたとき，この集合 $\mathbb{R}^2 \setminus \{\mathbf{0}\}$ に含まれる道でこの 2 点 p と q を結ぶことができます．これは，原点 $\mathbf{0}$ が線分 $\overline{pq}$ 上にない場合は単に線分 $\overline{pq}$ を通るまっすぐな道を考えるだけですし，$\mathbf{0}$ が線分 $\overline{pq}$ 上にあるときには，直線 $\overline{pq}$ 上にない第 4 の点 r をとって，線分 $\overline{pr}$ と線分 $\overline{rq}$ をこの順にたどる道を考えればよいのです．

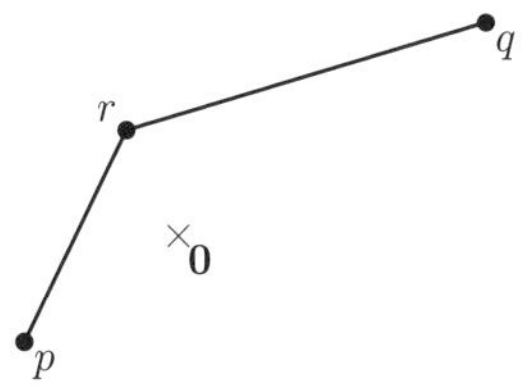

図 5.37

このことから，集合 $\mathbb{R}^2 \setminus \{\mathbf{0}\}$ は弧状連結です．前のセクションで示したとおり，弧状連結ならば連結なので，$\mathbb{R}^2 \setminus \{\mathbf{0}\}$ が連結であることは証明されました．

補題 3

直線の部分集合 $\mathbb{R} \setminus \{a\}$ は不連結である．

直線 $\mathbb{R}$ の部分集合 A と B を次のように選んだとします．A は実数 a 未満の実数のすべて，また B は実数 a より大きい実数のすべてです：

$$A = \{x \in \mathbb{R} \mid x < a\}, \quad B = \{x \in \mathbb{R} \mid x > a\}$$

このとき，A と B は 2 つの離れた集合なので，和集合 $A \cup B$ は不連結集合です．ところがこの $A \cup B$ は $\mathbb{R} \setminus \{a\}$ に他なりませんから，結局 $\mathbb{R} \setminus \{a\}$ が不連結であることになります．

さて，こうして 3 つの補題が示されました：

- 等式 $f[\mathbb{R}^2 \setminus \{\mathbf{0}\}] = \mathbb{R} \setminus \{a\}$ が成立する（補題 1）
- 平面の部分集合 $\mathbb{R}^2 \setminus \{\mathbf{0}\}$ は連結である（補題 2）
- 直線の部分集合 $\mathbb{R} \setminus \{a\}$ は不連結である（補題 3）

この 3 つの補題に，さらに前のセクションで示した定理

- 連続写像による連結集合の像は，それ自身また連結集合である

を加えれば，わたくしたちの全単射 $f\colon \mathbb{R}^2 \to \mathbb{R}$ が連続写像でないことは，もはや明らかでしょう．

また，$\mathbb{R}^2 \setminus \{\mathbf{0}\}$ の連結性を示した論法が，より高い次元の空間 $\mathbb{R}^m$ における類似の結果の証明にも同様に使えることもわかります．すなわち，$m \geq 2$ のとき，m 次元空間 $\mathbb{R}^m$ から原点 $\mathbf{0}$ を取り除いた残りの集合 $\mathbb{R}^m \setminus \{\mathbf{0}\}$ は連結集合なのです．したがって，平面の場合に限らず，次の結果が証明されたことになります．

定理 4

$m \geq 2$ のとき，m 次元空間 $\mathbb{R}^m$ から直線 $\mathbb{R}$ への連続な全単射は存在しない．とくに，$m \geq 2$ のとき $\mathbb{R}^m$ と $\mathbb{R}$ は互いに同相でない．

こうして，平面と直線の違いは確立されました．平面と直線のあいだには全単射が存在し，濃度という観点からいえば，両者は同じサイズなのですが，位相的性質という観点に立ち，写像の連続性まで考えに入れるとき，平面と直線の区別は回復されます．これはまさにデデキントが指摘したとおりです．次元の概念がその根拠を失うというカントールの心配は，杞憂だったのです．

カントール以前にはやや漠然と「点を指定するために必要な座標値の個数」と理解されていた「空間の次元」が，「近傍」や「連続性」といった概念にかかわる「位相的な性質」であることがはっきりしました．しかし，話はこれで終わるわけではありません．

平面と直線が同相でないという先ほどの定理は，より一般な次元の不変性定理

次元の不変性定理

$m \neq n$ のとき，m 次元空間 $\mathbb{R}^m$ と n 次元空間 $\mathbb{R}^n$ とは，互いに同相でない．

の，$n = 1$ の場合です．カントールは次元の不変性定理を証明しようと試みたのですが，これには成功しませんでした．この定理は，20 数年後にブラウワーによって証明されました．ブラウワーの証明はのちに「トポロジー」と呼ばれる

ようになった新しい幾何学のアイデアを用いた難しいものですので，ここでその全容を紹介することができません．わたくしたちの定理4のアイデアがどのように拡張されたかについて，簡単に触れるにとどめます．

わたくしたちが，直線が2次元以上の空間 $\mathbb{R}^m$ ($m \geq 2$) と同相でないことを示すさいに着目した $\mathbb{R}$ の特質は，$\mathbb{R}$ から1点を取り除くと残った集合が不連結になるが，2次元以上の空間 $\mathbb{R}^m$ ではそうでない，ということでした．

直線より高い次元の空間，たとえば平面 $\mathbb{R}^2$ に対して同様の論法を用いるために，この図形を平面からとりのぞくと残りが不連結になるぞ，というような図形をみつけることから始めます．

平面の場合，これには「円周」や，「直線」を考えればよいでしょう．

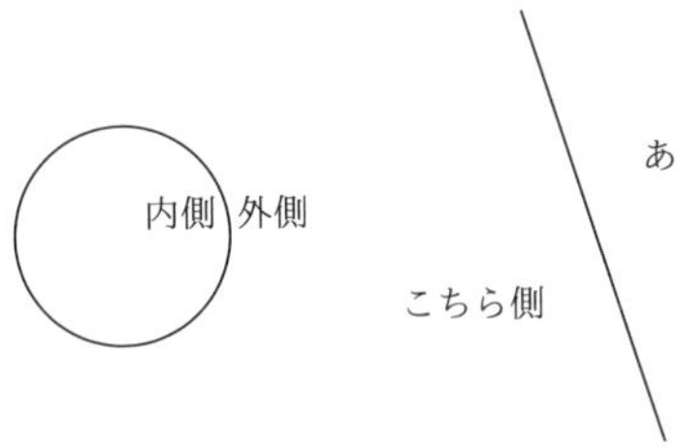

図 5.38

円周を平面から取り除けば，平面の残りの部分は「円の内側」と「円の外側」に分離されてしまいます．直線を平面から取り除けば，平面の残りの部分は「直線のこちら側」と「直線のあちら側」に分離されてしまいます．この事実が，わたくしたちの補題3に相当する，その高次元版というわけです．

そこで，次元の不変性定理の $n=2$ の場合を証明するには，3次元以上の空間 $\mathbb{R}^m$ ($m \geq 3$) の中に円周や直線と同相な部分集合があったとして，それが高次元の空間にどのような「入りかた」をしているか，を調べればよろしい．すなわち，補題2の高次元版を作ることになるわけです．定理4のときは1個の点だけを考えればよかったので，特別に簡単だったのですが，高次元版となると，取り除かれる図形が「円周」とか「直線」そのものとは限らず「円周と同相な部分集合」あるいは「直線と同相な部分集合」を広く考えなければならないところに，技術的な困難さがあります．ともあれ，わたくしたちの定理4と同様の発想が次元の不変性定理の証明のアイデアの大元にあることが，わかっていただけるでしょうか．

5.10 位相ということば

　空間の次元の違いは，集合としての濃度の違いではなく，つながり具合あるいはひろがり具合に注目して初めて適切に捉えられるものだということをお話ししました．直線も平面も，どちらも同じ濃度 $2^{\aleph_0}$ の集合ですが，それが直線としてのひろがり具合をもっているか，平面としてのひろがり具合をもっているか，というところに区別があるのです．

　点集合のつながり具合，空間のひろがり具合といった構造のことを，**位相**あるいは**トポロジー**と呼びます．これは，位相同型写像で保たれる構造であり，互いに同相な点集合によって共有される構造です．空間の次元は，全単射では一般には保たれませんが，位相同型写像では保たれます．トポロジーが同じなら次元も同じである，という意味において，次元はトポロジーに関する性質なのです．

　さて，「トポロジー」という言葉は，数学において少なくとも3とおりの意味で使われています．

　いまいったとおり，空間のひろがり具合をあらわす構造をその空間のトポロジーといいますが，そうした構造を決定する要因である特定の集合族（開集合全体の族）のことをその空間のトポロジーといいますし，さらに，そうした構造に注目して図形や空間の性質を調べる数学の分野のこともトポロジーと呼んでいます．このように多義的に使われているトポロジーという言葉ですが，つながり具合・ひろがり具合をあらわす構造という第一の意味がその核心と考えてよいでしょう．科目名としての「集合と位相」においても，「位相」をこの意味でのトポロジーのことと理解すべきです．

　「トポロジー」（topology）という言葉はギリシャ語の「トポス」（topos：場所）と「ロゴス」（logos：ことば）に由来しています．また，「位相」という熟語はこの「トポロジー」の訳語として作られた言葉で，「位置と様相」をつづめたものだそうです．

　物理学などで，周期的な現象が現在どのあたりにあるかを示す数を「位相」と呼ぶことがあります．この「位相」はフェーズ（phase）の訳語であり，まったく別系統の言葉です．

chapter 6 ボレルの測度とルベーグの積分

6.1 新しい解析学

　カントールの無限集合の理論は，ワイエルシュトラスを唯一の例外として，ドイツの数学界の重鎮たちには受け入れられず，そのことはカントールを少なからず悩ませることになりました．しかし，その独創的な理論がいつまでも注目を集めずにいたわけではありません．新しい世代の数学者たちのうちから，集合論を積極的に利用して数学の理論を刷新しようという動きが生まれてきたのです．たとえば，フランスのエミル・ボレルは，解析学への応用を念頭においてカントールの集合論を大学での授業で扱い，その講義録を1898年に出版します．ボレルの後輩ルネ・ベールは不連続な関数を系統的に研究しましたし，アンリ・ルベーグはボレルの理論の拡張として不連続な関数にも適用できる積分の新しい定義を開発しました．

人物紹介 ▶ フェリクス・エドゥアール・ジュスタン・エミル・ボレル（1871-1956）

　フェリクス・エドゥアール・ジュスタン・エミル・ボレルは19世紀の終わり頃から両大戦間にフランスで活躍しました．

　22歳の若さで学位を得て，ソルボンヌとエコール・ノルマルで教えるようになったボレルは，39歳でエコール・ノルマルの副理事長という要職に就きます．しかし，1914年に第一次世界大戦が勃発して，学生たちがみな兵隊にとられてしまうと，ボレルは自ら兵役に志願して砲兵中隊を率いて戦います．このころフランスの首相を務めたポール・パンルヴェ（1863-1933）も数学者で，彼の

名を冠した方程式が有名ですが，前線にいたボレルは，このパンルヴェの要請により，一時パリに帰って内閣官房の事務局長を務めたといいます．

　1918年に第一次大戦が終わり，戦功を称える勲章をもらってエコール・ノルマルに戻ったボレルは，教え子の大半が戦死したことにショックを受けて，副理事長を辞職してしまいます．しかし，すでにアカデミーの大立者となっていたボレルの活躍は続きます．パリ大学に統計学研究所を作らせ（50歳），さらに，ロックフェラーやロスチャイルドといった財団を動かしてアンリ・ポアンカレ研究所を設立し，その初代ボスに収まります（57歳）．政界でも頭角をあらわして，下院議員から海軍大臣にまでなったボレルですが，その間も確率論や数理物理学といった分野の研究の手を休めませんでした．第二次世界大戦では，ボレルは対独レジスタンスにくみして戦い，投獄もされます．戦後も活動は衰えを見せず，77歳のときにはユネスコ科学委員会の委員長になっています．数え切れないほどの論文と本を書き，一般読者向けの科学啓蒙書の何冊かは，日本語訳もされました．

　本書で言及したボレルの業績は30歳ごろまでのものですが，85年の長い生涯を通じて学術と政治の両面でこのように働き続けたボレルに驚嘆するとともに，ナポレオン政権下のラプラスやフーリエから，近年のフィールズ賞受賞者セドリック・ヴィラーニまで，しばしば数学者や科学者が政治家を兼ねてきたフランスと，研究だけに献身する実際以上の純粋さを科学者に求めがちな日本の，精神風土の違いに思いを致さざるを得ません．

　ボレルの講義録は『関数論講義』というタイトルですが，6章からなるこの講義録の3章までが，当時まだ新しい理論であった集合論の解説にあてられています．

　ボレルはこの講義で，区間縮小法の原理によって実数の不可算性を示し，代数的な実数が超越数と比較してずっと少ないことを立証します．もちろん，それだけならカントールの業績の紹介に過ぎません．しかしボレルはさらに一歩を進め，濃度の比較にとどまらない，より精密な存在証明の方法を提案します．それが**測度の論法**です．その後，測度の理論は，濃度の理論に劣らぬ大きなインパクトを現代の数学に与えることになります．

　有理数 r は，整数 p と q によって $r = p/q$ と分数で表示することができま

す．第 2 章で紹介したディリクレが証明したことですが，どんな無理数 α に対しても，有理数 $r = p/q$ を

$$\left|\alpha - \frac{p}{q}\right| < \frac{1}{q^2}$$

となるようにとることができます．しかも，そのような p と q の組は無数にあることが示されます．このディリクレの定理を手際よく紹介したあと，この右辺の $1/q^2$ を $1/q^3$ に置きかえるとディリクレの定理がもはや成立しなくなることを，ボレルは証明します．その証明に，測度の論法が応用されるのです．

ボレルの議論は次のように進みます．

区間 $[0,1]$ からまず開区間

$$\left(\frac{1}{2} - \frac{1}{8}, \frac{1}{2} + \frac{1}{8}\right)$$

に属する点をすべて取り除き，さらに残った点のうち 2 つの開区間

$$\left(\frac{1}{3} - \frac{1}{27}, \frac{1}{3} + \frac{1}{27}\right) \text{ と } \left(\frac{2}{3} - \frac{1}{27}, \frac{2}{3} + \frac{1}{27}\right)$$

に属する点をすべて取り除き，以下同様に，

$$\left(\frac{p}{q} - \frac{1}{q^3}, \frac{p}{q} + \frac{1}{q^3}\right), \text{ ただし } p = 1, 2, \ldots, q-1$$

の形の開区間に属する点をすべて取り除いたとします．そうすると，残る点集合はどんな区間においても稠密にならないスカスカの点集合（いたるところ非稠密な集合）になります．こうして取り除かれる区間の長さの総和は

$$\sum_{q=2}^{\infty} \frac{2(q-1)}{q^3}$$

で，これは 1 未満の数です．ということは，この操作で区間 $[0,1]$ のすべての点が取り除かれるわけではなく，不可算無限個の点が残るはずです．残った点のひとつを α とすれば，$0 < \alpha < 1$ であり，どんな有理数 p/q についても

$$\left|\alpha - \frac{p}{q}\right| \geq \frac{1}{q^3}$$

となるわけです.

この議論のあとで，ボレルはこう書きます：

> この証明をことさらに述べたのは，誰しもがそれぞれ作りあげているであろう《連続体》の概念にさらなる光をあてる性質のものと思われたからだ.《直線から $(p/q - 1/q^3, p/q + 1/q^3)$ の形の区間を全部取り去ってもなお不可算無限に点が残る》という事実について熟考した後となれば，連続体が何であるかよく知っていると信じたり，それについて直観的で完璧に明白な観念同然に論じたりする気も失せようというものだ.

これはいわば，自らの導いた結果に驚いてみせているわけですが，見方を変えれば，みずからが開発した測度の理論が，連続体の構造をより深く知るための有用なツールとなることを予感したからこその言葉でもありましょう.

6.2 | 測度

前のセクションで紹介した，どんな有理数 p/q についても $|\alpha - p/q| \geqq 1/q^3$ となる無理数 α の存在についての証明を，ひとつの典型例として踏まえ，ボレルは区間の幅・線分の長さの概念を拡張した，点集合の「測度」の概念と，長さを測れる集合，すなわち「可測集合」の概念を導入します.

これらの概念に対するボレルの定義は，次のような一見とても風変りなものでした.

(1) 開区間，閉区間，半開区間などは可測集合であり，その測度は区間の幅そのものである．すなわち区間 $[a, b]$, (a, b), $[a, b)$, $(a, b]$ の測度はすべて $b - a$ である．

(2) 区間 $[a, b]$ に含まれる集合 A が可測集合で，その測度が α であるとき，補集合 $[a, b] \setminus A$ も可測集合であり，その測度は $(b - a) - \alpha$ である．

(3) A_1, A_2, A_3, ... が可測集合で，どの2つもお互いに共通要素をもたないものとし，A_k の測度が α_k であったとするとき，和集合

$$\bigcup_{k=1}^{\infty} A_k = A_1 \cup A_2 \cup A_3 \cup \cdots$$

も可測集合であり，その測度は

$$\sum_{k=1}^{\infty} \alpha_k = \alpha_1 + \alpha_2 + \alpha_3 + \cdots$$

である．

　ボレルは，条項(1)で定められた区間の全体から，条項(2)と(3)を足掛かりにして次第に可測集合の範囲を広げてゆき，その全体を考えよ，と主張したわけです．

　ボレルの考えた可測集合は，こんにちでは彼の名をとって**ボレル集合**と呼ばれています．開区間や閉区間をもっとも基本的な集合として出発点にとり，これまでに得られた集合の可算個の和集合をとったり，2つの集合の差集合をとったりすることで考える集合の範囲を広げていく，そのことを何度もくり返すなかで得られる集合がボレル集合です．

　実数のボレル集合の概念は現在でも積分論や確率論といった数学の分野にしばしば登場します．しかしながら，ボレルが測度の論法を開発した当初の目的は，カントールの対角線論法を強化・精密化して実数の集合の性質を調べようとするものであり，積分論や確率論への応用は後になって見出されたものでした．

6.3 ハイネ-ボレルの定理

　さて，ボレルの測度の定義の条項(1)では，区間 $[a,b]$ の測度は $b-a$ であると定められています．区間の長さは他の集合の測度を定める基準になるのですから，この条項はゆるがせにはできません．しかし，条項(2)と(3)では，集合を可算無限個の部分集合の和集合に分割したり，補集合をとったりすることを認めています．区間 $[a,b]$ にしても，分割しようと思えば分割の仕方は無数に考えられるのですから，どんな分割の仕方によって測っても $[a,b]$ の測度は必ず区間の長さ $b-a$ と一致する，ということを改めて証明しなければなりません．セクション6.1で紹介した，つねに $|\alpha - p/q| \geqq 1/q^3$ となる無理数 α の存在証明においても，実はこのことが問題になります．

　この目的のために，閉区間を開区間の列で覆うさいのひとつの補題を，ボレルは準備しました．この補題が，のちにハイネ-ボレルの定理の名で解析学において重要な役割を果たすことになるのです．

補題

開区間の列

$$(a_0, b_0), (a_1, b_1), (a_2, b_2), \ldots$$

が閉区間 $[c, d]$ を覆っているとき，その開区間のうち有限個がすでに $[c, d]$ を覆っている．すなわちある番号 n について

$$(a_0, b_0), (a_1, b_1), \ldots, (a_n, b_n)$$

の和集合が $[c, d]$ のすべての点を含む．

▶ 補題の証明

背理法で証明する．補題の結論が成立していないとすると，開区間の列

$$(a_0, b_0), (a_1, b_1), (a_2, b_2), \ldots$$

が閉区間 $[c, d]$ を覆っているのに，どの番号 n についても，$n+1$ 個の開区間

$$(a_0, b_0), (a_1, b_1), \ldots, (a_n, b_n)$$

では閉区間 $[c, d]$ を覆い尽くせない，という状況が発生している．このとき

$$[c, d] \setminus \Big((a_0, b_0) \cup (a_1, b_1) \cup \cdots \cup (a_n, b_n) \Big) \neq \emptyset \qquad (6.1)$$

である．この集合は，空でなくて下に有界であるから（ワイエルシュトラスの連続性の原理により）最大下界をもつ．この最大下界を x_n であらわそう．このとき，点列

$$x_0, x_1, x_2, \ldots$$

は単調非減少 ($x_0 \leqq x_1 \leqq x_2 \leqq \cdots$) で，上に有界である．単調非減少である理由は n の増加とともに式 (6.1) の左辺の集合が縮小するから．上に有界であるのはすべての x_n が閉区間 $[c, d]$ に属するからだ．単調数列に関するワイエルシュトラスの定理により，この数列 $\{x_n\}_{n=0}^{\infty}$ はある実数 y に収束する．しかも $c \leqq y \leqq d$ である．いま開区間の列

$$(a_0, b_0), (a_1, b_1), (a_2, b_2), \ldots$$

が閉区間 $[c,d]$ を覆っているので，そのうちのひとつ (a_k, b_k) が y を含む．すると，ある番号 N から先のすべての x_n が同じく開区間 (a_k, b_k) に属することになる．ところが，$n \geqq k$ のとき x_n は開区間 (a_k, b_k) に属しない．なぜなら，集合

$$[c,d] \setminus \big((a_0, b_0) \cup (a_1, b_1) \cup \cdots (a_n, b_n)\big)$$

が有界な閉集合であることにより，その最大下界 x_n を要素として含むからだ．とくに，n を N と k のどちらよりも大きくとれば，x_n は開区間 (a_k, b_k) に属し，かつ属しない，となって矛盾する．終

さてこの証明では閉区間 $[c,d]$ の性質のうち「有界であること」と「閉集合であること」が用いられました．実際，補題は「閉区間 $[c,d]$」というところを任意の「有界な閉集合」に置き換えても，そのまま成立します．それだけではありません．その有界な閉集合を覆う開区間列も，「開集合からなる任意の集合族による被覆」に置き換えることができるのです．

先ほどの補題のこのように拡張された形は，「ハイネ-ボレルの定理」と呼ばれています．

ハイネ-ボレルの定理を述べる前に，これまで登場していなかった，集合の被覆の概念を定義しておかなければなりません．

集合 $\mathcal{U}$ の要素がすべて集合 X の部分集合であるとき，$\mathcal{U}$ は X の **部分集合族** であるといいます．次に E が X の部分集合とするとき，X の部分集合族 $\mathcal{U}$ が

E のどの要素も，集合 $\mathcal{U}$ に属するある集合の要素である

という条件をみたすなら，そのことを，

$\mathcal{U}$ は E の **被覆** である，

というのです．次の図は，ナスかソラマメのような形の平面領域をたくさんの円

板で被覆するようすを示しています．

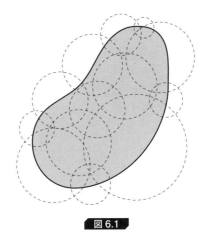

図 6.1

とくに，集合 E の被覆である集合族 $\mathcal{U}$ のメンバーがすべて X の開集合である場合に，$\mathcal{U}$ を E の **開被覆** と呼びます．

最後に，集合 E の被覆 $\mathcal{U}$ の **部分被覆** とは，$\mathcal{U}$ の部分集合で，それだけで E の被覆になっているもののことをいいます．

以上のように言葉を定義すれば，ハイネ-ボレルの定理は次のように述べられます．

ハイネ-ボレルの定理

E を実数直線上の有界な閉集合とするとき，E のどんな開被覆も，有限な部分被覆をもつ．

残念なことに，この定理を，誤って「有界な閉集合は有限な開被覆をもつ」と理解している人が多いのです．ここでの結論はもっとずっと厳しくて，開被覆がどんなふうに与えられても，そこから有限個の集合を上手に抜き出して，その有限個だけで被覆を構成できるのだと主張しています．自分たちが選ぶのは単なる有限被覆ではなく，与えられた開被覆の有限な部分被覆だという点に，くれぐれも注意してください．

前にいったとおり，ハイネ-ボレルの定理は，ボレルが彼の測度の理論の展開の中で，ひとつの補助定理として述べたものです．しかし，この定理は測度論か

ら離れて位相空間の理論の中で重要な役割を果すことになりました．一般に，どの部分集合を「開集合」と呼ぶかがしかるべき仕方で指定された集合のことを「位相空間」（参照 セクション7.3, p.217）と呼びますが，ハイネ–ボレルの定理は開集合の集まりによる被覆に関する定理ですから，同じことを一般に位相空間の文脈で考えることができます．

定義

位相空間 X の部分集合 E が**コンパクト**であるとは，E のどんな開被覆も有限な部分被覆をもつ，ということである．

ですから，ハイネ–ボレルの定理は「実数の閉区間はコンパクトである」という主張なのです．

6.4 ルベーグと測度の問題

アンリ・ルベーグは，ボレルの提唱した測度の概念を積分の理論に応用しました．1902 年の学位論文において，ルベーグは次のようにボレルの測度の定義を再考します：

ルベーグの測度の問題

実数直線上の各有界集合に，その測度と呼ばれる負でない実数を対応させ，さらにそれが次の条件をみたすようにしたい：

（ⅰ）ゼロでない測度をもつ集合が少なくとも 1 つ存在する．
（ⅱ）合同な 2 つの集合は同じ測度をもつ．
（ⅲ）互いに共通要素をもたない可算無限個の集合の和集合の測度は，それら可算個の集合それぞれの測度の和である．

ルベーグはいったん「すべての有界な集合に対して測度を定義したい」という，ひとつの課題設定として測度の問題を考えます．それから，ルベーグは，測度の問題に仮に解があるとしたら，各集合の測度はどうなっているべきだろうか，と

考察を進めます．

いま，測度の問題に解があったと仮定して，実数の有界な集合 A に与えられる測度の値を $m(A)$ とあらわすことにしましょう．このときルベーグの条件（ⅰ）〜（ⅲ）はそれぞれ次のように書けることになるでしょう．

- 実数のある有界集合 A について $m(A) > 0$ となる
- 有界集合 A を平行移動して有界集合 B が得られるなら，$m(A) = m(B)$ である
- A_1，A_2，A_3，… が互いに共通要素をもたない有界集合のとき

$$m\left(\bigcup_{n=1}^{\infty} A_n\right) = \sum_{n=1}^{\infty} m(A_n)$$

となる

1 点のみからなる集合はお互いに合同なので，条件（ⅱ）によりそれらは同じ測度をもちますが，有界な無限集合にも有限の測度が与えられるはずであることを考えると，（ⅲ）との関係で，1 点のみからなる集合の測度はつねにゼロでなければならないことがわかります．いっぽう，（ⅰ）により少なくとも 1 つゼロでない値をもつ有界集合が存在するわけですが，有界集合 A の測度がゼロでないとしたら，A を含む区間 $[a, b] \supseteq A$ についても $m([a, b]) > 0$ でなければなりません．このことから，それぞれの区間はその長さ $b - a$ に比例した測度をもつことが導かれます．このため，一般性を損なうことなく，わたくしたちはルベーグの条件（ⅰ）を，《区間 $[a, b]$ の測度は $b - a$ である》という条件に置き換えることができます．このとき，開区間 (a, b) や半開区間 $[a, b)$ と $(a, b]$ も同じ測度 $b - a$ をもつことになります．

ルベーグの考察の次のステップは大変重要です．可算個の開区間

$$(a_1, b_1), (a_2, b_2), \ldots, (a_n, b_n), \ldots$$

が有界集合 A を覆っているとしましょう：

$$A \subseteq \bigcup_{n=1}^{\infty} (a_n, b_n)$$

このとき A の測度 $m(A)$ は，これら可算個の区間の長さの総和を越えないはずです．すなわち，

$$m(A) \leqq \sum_{n=1}^{\infty}(b_n - a_n)$$

が成立しています．そこで，集合 A を覆う開区間の可算列

$$(a_1, b_1), (a_2, b_2), \ldots, (a_n, b_n), \ldots$$

のすべての選び方にわたって，和

$$\sum_{n=1}^{\infty}(b_n - a_n)$$

を考え，その下限（最大下界）をとったものを $m^*(A)$ とすれば，集合 A の測度 $m(A)$ がどんな値をとるにせよ，不等式

$$m(A) \leqq m^*(A)$$

が必ず成立しているはずです．

また，有界集合 A を含む大きな区間 $[\alpha, \beta] \supseteq A$ をとり，補集合の外測度を考えれば，上の考察と同様にして

$$m^*([\alpha, \beta] - A) \geqq m([\alpha, \beta] - A) = (\beta - \alpha) - m(A)$$

となるので，A の測度 $m(A)$ がどんな値をとるにせよ，不等式

$$(\beta - \alpha) - m^*([\alpha, \beta] - A) \leqq m(A)$$

が必ず成立しているはずです．この左辺の値は A を含む区間 $[\alpha, \beta]$ の選び方に依存せず定まるので，その値を

$$m_*(A) = (\beta - \alpha) - m^*([\alpha, \beta] - A)$$

と書きましょう．

こうして定まった $m^*(A)$ と $m_*(A)$ は区間の長さだけを用いて定義されています．ですから，測度の問題の解が存在しようがしまいが，すべての有界集合 A について $m^*(A)$ と $m_*(A)$ の存在は保証されています．ルベーグはこの $m^*(A)$ と $m_*(A)$ をそれぞれ A の**外測度**および**内測度**と呼びました．

測度の問題の解が可能であるかぎり，すべての有界集合 A について不等式
$$m_*(A) \leqq m(A) \leqq m^*(A)$$
が成立することになります．とすれば，とくに内測度と外測度が一致するような集合 A の場合には，

$$m_*(A) = m^*(A)$$

という条件によって A の測度 $m(A)$ は内測度と外測度の一致した値に等しいとわかってしまいます．

内測度と外測度の値が等しくなる集合のことをルベーグは**可測集合**と呼びました．同じ言葉をボレルが用いたことを考慮して，わたくしたちはルベーグの意味での可測集合のことを**ルベーグ可測集合**と呼ぶことにしましょう．また，ルベーグ可測集合の全体のなす集合族を $\mathcal{L}$ と書くことにしましょう．

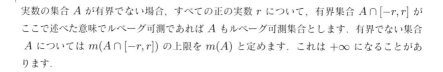

実数の集合 A が有界でない場合，すべての正の実数 r について，有界集合 $A \cap [-r, r]$ がここで述べた意味でルベーグ可測であれば A もルベーグ可測集合とします．有界でない集合 A については $m(A \cap [-r, r])$ の上限を $m(A)$ と定めます．これは $+\infty$ になることがあります．

測度の問題の解が可能であるかどうかに関わりなく，ルベーグ可測集合 A に対してはその測度 $m(A)$ が自然に定まります．実際，考察の対象をルベーグ可測集合に制限することで，測度に求めた性質がすべてみたされることを，ルベーグは発見しました．すなわち，

- 区間はルベーグ可測であり，その測度は長さに等しい
- ただ1点からなる集合はルベーグ可測であり，その測度はゼロである
- ルベーグ可測集合 A を平行移動して得られる集合 B は，またルベーグ可測であり，$m(A) = m(B)$ である
- 2つのルベーグ可測集合 A と B の差 $A - B$ は，またルベーグ可測である．とくに，$A \supseteq B$ のとき $m(A - B) = m(A) - m(B)$ となる
- 可算個のルベーグ可測集合の和集合はまたルベーグ可測である．とくに A_1, A_2, A_3, ... が互いに共通要素をもたないルベーグ可測集合のとき

$$m\left(\bigcup_{n=1}^{\infty} A_n\right) = \sum_{n=1}^{\infty} m(A_n)$$

となる.

測度の問題の考察から，こうしてルベーグ可測集合とその測度（ルベーグ測度）の概念が得られました．この時点でルベーグは，一般の場合の測度の問題の考察を棚上げにして，積分の理論の展開へと歩を進めます．

6.5 可測関数とルベーグ積分

第 2 章でリーマンの積分を階段関数をつかって説明したのを思い出していただけると，ルベーグが与えた積分の新しい定義を説明するのに好都合です．第 2 章では，関数の定義された区間を有限個の小区間に分割して階段関数を考えたのですが，小区間だけでなく一般のルベーグ可測集合を用いてこの区間の分割の概念を拡張することが，リーマン積分からルベーグ積分への拡張に対応するのです．

区間 $[a,b]$ をお互いに共通の要素をもたない有限個のルベーグ可測集合の和であらわすことを，この区間 $[a,b]$ の**可測分割**と呼ぶことにしましょう：

$$[a,b] = A_1 \cup A_2 \cup \cdots \cup A_N,$$

$$A_i \in \mathcal{L} \quad (i=1,2,\ldots,N),$$

$$A_i \cap A_j = \emptyset \quad (i \neq j)$$

区間の可測分割の各集合 A_i 上で一定値 c_i をとる関数のことを，**可測階段関数**と呼びましょう．各集合 A_i の特徴関数：

$$\chi_{A_i}(x) = \begin{cases} 1 & (x \in A_i) \\ 0 & (x \notin A_i) \end{cases}$$

を用いれば，この可測階段関数を

$$\varphi(x) = \sum_{i=1}^{N} c_i \chi_{A_i}(x)$$

と記述できます．ここで各 A_i に対してその「長さ」に相当する量としてルベーグの測度 $m(A_i)$ が対応しているので，第 2 章での議論の類推により，可測階段関数 φ の積分を

$$S[\varphi] = \sum_{i=1}^{N} c_i m(A_i)$$

と定義するのが妥当であるとわかります．

このように区間の分割の範囲を可測分割にまで広げ，可測階段関数の積分を定めれば，有界な関数のルベーグ積分の定義の残りの部分は，リーマン積分のダルブーによる定式化と同じことになります．すなわち，区間 $[a,b]$ で定義された関数 $f(x)$ について

- ある定数 m と M がとれて，区間 $[a,b]$ のすべての点 x で $m \leqq f(x) \leqq M$ となる

という意味で関数が "有界" であって，さらに，実数 s を，

- すべての可測階段関数 $\varphi(x)$ について

    $\varphi(x) \leqq f(x) \quad (a \leqq x \leqq b)$ ならば，$S[\varphi] \leqq s$,

    $\varphi(x) \geqq f(x) \quad (a \leqq x \leqq b)$ ならば，$S[\varphi] \geqq s$

となるようにとれ，しかも，

- そのような実数 s が，ただ 1 つに決まる

となっている場合に，このただ 1 つの実数 s を $f(x)$ の積分の値

$$\int_a^b f(x)\,dx$$

としよう,というのです.

積分をこのように定義したことにより,ルベーグの意味での積分がリーマンの積分の拡張であることがわかります.すなわちリーマン積分可能な関数はルベーグ積分可能であり,その場合積分の値はどちらの定義を採用しても同じになるのです.

では,有界な関数がこのような意味で積分できるための条件は何でしょうか.この問いには,次のように答えることができます.区間 $[a,b]$ 上の有界な関数 $f(x)$ が上に述べた意味で積分できるためには,$c<d$ であるようなすべての実数 c と d について,集合

$$\{\,x \mid c \leqq f(x) < d\,\}$$

すなわち区間 $[c,d)$ の f による逆像がルベーグ可測集合であることが必要かつ十分である.一般に,この条件をみたす実数値関数を**ルベーグ可測関数**と呼びます.

ルベーグの積分の定義は一般に有界でないルベーグ可測関数にまで適切に拡張できます.まずすべての x で $f(x) \geqq 0$ である**非負値**ルベーグ可測関数 $f(x)$ については,$0 \leqq \varphi(x) \leqq f(x)$ をみたす可測階段関数すべてにわたって $S[\varphi]$ の上限をとったものを考えます.するとその上限は一定の実数値になるか,$+\infty$ になるか,関数 $f(x)$ ごとに,どちらかに確定します.$S[\varphi]$ の上限が $+\infty$ にならず有限の実数値として確定する場合に非負値関数 $f(x)$ は積分可能であるといって,この上限の値を積分 $\int_a^b f(x)\,dx$ の値とします.話をルベーグ可測関数に限っているので,この値は有界関数については先ほどの議論で定めた値と一致します.さらに必ずしも非負値でない一般のルベーグ可測関数 $f(x)$ については,それを 2 つの非負値ルベーグ可測関数 $f^+(x)$ と $f^-(x)$ の差で

$$f(x) = f^+(x) - f^-(x), \text{ ただし}$$

$$f^+(x) = \max\{f(x), 0\},$$

$$f^-(x) = \max\{-f(x), 0\}$$

とあらわし，$f^+(x)$ と $f^-(x)$ の両方が非負値関数として積分可能であるときに，$f(x)$ は積分可能であるといって，積分の値を

$$\int_a^b f(x)\,dx = \int_a^b f^+(x)\,dx - \int_a^b f^-(x)\,dx$$

と定義すればよろしい．ここで述べた積分の定義は，積分区間が有限でなくて実数直線全体にまで拡がっている場合も，ほとんど変更なく適用できます．

このように，ルベーグの積分はリーマンの積分をルベーグ可測集合とその測度の概念を用いて拡張することによって得られるのですが，そうした拡張はカントールの集合論を受容し，実数の任意の集合を考察の対象として受け入れる立場に立って，初めて可能になったことを，ここで改めて強調しておきます．

人物紹介 アンリ・レオン・ルベーグ（1875-1941）

アンリ・レオン・ルベーグは，パリの北 50km ほど離れた街ボーヴェの印刷業者の家に生まれました．1897 年にエコール・ノルマルを卒業し教職免許を取得したあと，2 年の間エコール・ノルマルの図書館で働きながら勉強を続けました．そうした中でルベーグは，ボレルの講義録やルネ・ベールの論文など，集合論を取り入れた新しい解析学に触れ，この分野にはまだたくさん仕事が残っていそうだと感じたといいます．

彼がルベーグ積分のアイデアを最初に発表したのは，ロレーヌ地方の街ナンシーで高校教員をしていた 1901 年のことですが，古典解析の伝統の根強いフランスの数学界では，この新しい積分論はケンもホロロの扱いを受けました．ルベーグが測度と積分について考察した当初の意図は，曲線の長さや曲面の面積の理論を新しく作り直そう，ということにあったのですが，ルベーグ積分の真価が認められるようになったのは，ルベーグがフーリエ級数の理論に自分の積分論を応用して，その有効性を立証したことによります．

新しい積分の理論を創始して解析学の面目を一新したルベーグですが，面白いことに，どちらかというとフランスの古典解析の伝統にルベーグ自身は忠実で

あったようです．彼は点集合論，フーリエ解析，ポテンシャル論，位相幾何学とくに次元論，幾何学などに多くの業績を残していますが，1920年代に完成した積分論の抽象化・一般化には，ルベーグ自身はまったく関わっていません．（この仕事はカラテオドリやサクスによるものです．）《一般理論に還元されてしまえば，数学は内容をもたない美しい形式になって，すぐに死んでしまうだろう．》というのはルベーグの言葉ですが，ルベーグの名をもっぱら彼の積分論を通じて知っている後世のわたくしたちにとって，これはちょっと意外な言葉です．

先輩のボレルとは対照的に，ルベーグは政治的な野心というもののない深慮の人であったようです．コレージュ・ド・フランス数学教授というフランス数学界の頂点に立つ地位にありながらも，弟子や共同研究者を集めることもなく，積分論を始めとする自分の数学的業績についてつねに反省を重ね，数学の研究だけでなく，数学の教育方法についても，生涯を通して深く考え続けました．ルベーグの数学教育についての考えは著書『量の測度』（柴垣和三雄訳，みすず書房）で読むことができます．

6.6 ルベーグ積分の特長

それでは，このような手のこんだ方法でルベーグが積分の概念を拡張した理由は何だったのでしょうか．言い換えれば，リーマン積分にないルベーグ積分のメリットとは何でしょうか．3つばかり指摘できると思います．

▶ 積分できる関数の範囲が広い

有界区間上の有界な関数の場合，ルベーグ積分の意味で積分可能であるための条件はルベーグ可測であることだけです．ルベーグ可測な関数の範囲はとても広いのです．連続関数はすべてルベーグ可測ですし，ルベーグ可測な関数の列 f_1, f_2, f_3, ... が各点で関数 f に収束しているならば，その f もルベーグ可測関数になります．このことから，解析学において実際に出会うさまざまな関数は，ほぼ間違いなくルベーグ可測関数だとさえいえるのです．

リーマン積分では積分できないけれどもルベーグ積分で積分できる関数としてよく例に挙がるのが，ディリクレの不連続関数

$$D(x) = \begin{cases} 1 & (x \text{ が有理数}) \\ 0 & (x \text{ が無理数}) \end{cases}$$

です．この関数はいたるところ不連続で，どんな小さな区間上でも最大値1と最小値0をとります．その結果としてリーマン積分の意味では積分できないのですが，有理数全体の集合が可算でルベーグ測度がゼロであることにより，$D(x)$ は任意の区間 $[a,b]$ 上でルベーグ積分できて，

$$\int_a^b D(x)\,dx = 0$$

となるのです．

このディリクレの関数 $D(x)$ は，一見するときわめて特異な，病理的な関数のように見えますが，

$$D(x) = \lim_{m \to \infty} \left(\lim_{n \to \infty} (\cos m!\pi x)^{2n} \right)$$

という表示をもち，連続関数に対して極限をとる操作を2回くり返すことで得られます．このことは，積分を関数列の極限をとる操作とともに用いたければ，リーマンの積分では十分でない，ということを示唆します．

▶ 各種の収束定理など，解析学への応用に適した構造をもつ

ルベーグ積分の理論のハイライトといえるのが，ルベーグの収束定理と呼ばれる次の定理です．

ルベーグの収束定理

実数直線上の積分可能な関数の列 $f_1, f_2, f_3, \ldots$ が関数 f に収束していたとする．また，実数直線上にある積分可能な関数 g が存在して，すべての n とすべての x について

$$|f_n(x)| \leqq g(x)$$

をみたしていたとする．このとき，f も積分可能であって，等式

$$\int_{-\infty}^{+\infty} f(x)\,dx = \lim_{n \to \infty} \int_{-\infty}^{+\infty} f_n(x)\,dx$$

が成立する．

この定理のおかげで，積分と極限の順序交換が，まったく無条件というわけにはいかないにせよ，かなり柔軟にできるようになります．かつてフーリエが彼の級数展開の理論を述べたさいに批判の対象となった，関数の積分と無限和の順序交換という課題に，ルベーグの積分は従来の積分の理論よりもずっと柔軟に対応できるのです．そのため，フーリエ級数の研究にはルベーグ積分の知識が必須となりました．だとすると，リーマンによる積分の再定義の本来の意図が，ルベーグ積分に至ってようやく達せられたというべきでしょう．

▶ 抽象化・一般化が容易である

現代の数学でルベーグ積分の知識が不可欠である本当の理由はこれかもしれません．ルベーグ自身は積分の理論を従来どおり直線や平面における有界な領域上の関数について展開したのですが，その後の数学の集合論化の流れのなかで，ルベーグ積分の理論は**測度空間**と呼ばれる抽象的なセッティングを土台として展開されるように再編されてゆきます．

測度空間とは，なんらかの空でない集合 X と，X の部分集合の集まり $\mathcal{B}$ と，$\mathcal{B}$ の要素に負でない実数または $+\infty$ を対応させる関数 μ からなる組 $(X, \mathcal{B}, \mu)$ であり，次の条件をみたすもののことです．

(a) 空集合 $\emptyset$ は $\mathcal{B}$ に属し，$\mu(\emptyset) = 0$ である
(b) 集合 A が $\mathcal{B}$ に属するなら，補集合 $X \setminus A$ も $\mathcal{B}$ に属する
(c) 集合列 A_1，A_2，A_3，… において各 A_n が $\mathcal{B}$ に属するなら，その和集合

$$\bigcup_{n=1}^{\infty} A_n = A_1 \cup A_2 \cup A_3 \cup \cdots$$

も $\mathcal{B}$ に属する
(d) 集合列 A_1，A_2，A_3，… において各 A_n が $\mathcal{B}$ に属し，かつ，どの2つの集合も共通の要素をもたないとするとき，等式

$$\mu\left(\bigcup_{n=1}^{\infty} A_n\right) = \sum_{n=1}^{\infty} \mu(A_n)$$

が成立する

この (a)〜(d) は，ボレルとルベーグがそれぞれの立場で考察した，実数の可測集合とその測度の理論から，積分の理論の構築に必要な最小限度の特徴を抜き出してきたものといえます．ここではもはや X は直線や平面といった幾何学的な対象である必要はなく，まったく一般的・抽象的な集合でよいのだということに注目してください．

このように積分の理論を抽象的な測度空間へ拡大することは，ルベーグの積分の理論を整理し見通しよくする目的で行なわれたといえますが，抽象化・一般化のおかげで，積分の理論の応用範囲が大きく拡がったことも確かです．

6.7 測度と確率論

測度の抽象的な理論と，それにもとづく積分の理論は，確率の数学的理論の基礎づけに最適の仕組みであることが，1930 年ごろ，ロシアの数学者コルモゴロフによって明らかにされます．

わたくしたちの周りには，偶然に支配され結果を前もって確実に予測することのできない事項がいくらでもあります．いま生きているわたくしが 10 年後に生きているとは限りません．A 社の株は 1 年後にいまより値上りしているでしょうか．来週の土曜日は晴れるでしょうか．きょう買った宝くじは当たるでしょうか．

そうした予測不能な現象に数学的な分析の光をあてる道具が **確率** という考え方です．

確率計算の本格的な研究は 17 世紀のフランスで始まりました．ゲームに興じる貴族たちから，中断した賭け試合において，どのように賭け金を分配するのが最も公平であるか，と問われて，パスカルとフェルマーが手紙を交換して論じあったのが始まりだとされています．その後，18 世紀のベイズ，ラプラス，19 世紀のポアソンといった数学者の手で，確率論は大きく発展します．そして，1933 年のコルモゴロフの著書『確率論の基礎概念』において提示された「確率の公理」から **確率空間** という概念が得られたことが，現代数学としての確率論の出発点となりました．

コインを投げてその表裏を見る，サイコロを振ってどの目が出るか見る，易者さんに筮竹で卦を見てもらう．これらは結果が偶然に支配される予測不可能な現象の例です．コインを投げたとき表裏のどちらが出るかは，投げ方やコインの微小な歪み，コインの落ちる場所の状態など，とてもたくさんの小さな要因が積み

重なって決まるため予測できず,試みるたびに結果は変わります.サイコロにしてもそうです.

コインを投げる,サイコロを振る,くじを引くなどの,偶然の支配下にある 1 回ごとの試みのことを**試行**といいます.試行がなされれば,その結果としていろいろなことがら,サイコロなら「1 が出る」「3 か 4 が出る」「5 が出ない」,くじの例であれば「1 等が当たる」「3 等が当たらない」といった**事象**の成立・不成立が決まります.特定の事象が成立する可能性について,実際の試行がなされる前に何がわかるか,というのが,ここでのわたくしたちの関心事です.

▶ 確率の基本法則

確率の理論的分析のためには,試行と事象を表現する数学的な枠組みと,事象に対してその確率を計算できる手立てがあればよいので,「そもそも試行とは何か,また事象とは何か」といった問題は棚上げしておくことができます.

コルモゴロフの確率論では,「試行とは何か」ということは考えず,ただ,すべての試行からなる集合が何かしら与えられているという仮定から出発します.コルモゴロフにならって,ここではすべての試行からなる集合を Ω と書くことにします.ですから,この集合 Ω の要素 ω を 1 つ指定することが,試行がなされることに相当します.

次に試行 ω の結果として事象 A が成立することを $\omega \in A$ とあらわし,事象 A が成立しないことを $\omega \notin A$ とあらわします.つまり**事象を試行の集合とみなす**わけです.

事象 A の成立する確率を $\mathrm{P}(A)$ と書くことにしましょう.いろいろな現象の分析に応用できる確率の数学的理論を作るために,どんな現象を考える場合でも確率が必ずみたすような,基本的・普遍的な法則を見つけるのが,確率論の第一歩です.確率の示す基本的な法則として,まず

(1) 事象 A の確率 $\mathrm{P}(A)$ は 0 以上 1 以下の実数である.つねに成立する事象(試行全体の集合 Ω であらわされる事象)の確率は 1 であり,決して成立しない事象(空集合 $\emptyset$ であらわされる事象)の確率は 0 である.

を挙げる必要があるでしょう.数式で書くなら

$$0 \leqq \mathrm{P}(A) \leqq 1, \quad \mathrm{P}(\Omega) = 1, \quad \mathrm{P}(\emptyset) = 0$$

となります.

2つの事象 A と B があったとします.ですから A と B は Ω の部分集合です.このとき「A または B のどちらかが成立する」という事象は和集合 $A \cup B$ で,また「A と B の両方が成立する」という事象は共通部分 $A \cap B$ であらわされることになります.この2つの事象の共通部分が空である($A \cap B = \emptyset$)というのは「事象 A と事象 B が同時に成立することが決してない」ということを意味します.このような事象 A と B は互いに**排反する**といいます.確率の基本的な法則の2番目は,

(2) 事象 A と事象 B が排反するとき,そのどちらかが成立する確率は,A が成立する確率と B が成立する確率の和である.

というものです.これを数式で書くと,

$$A \cap B = \emptyset \text{ のとき } P(A \cup B) = P(A) + P(B)$$

ということになります.この法則は,一般に n 個の互いに排反する事象の場合に,ただちに拡張できます.事象 A_1,..., A_n のどの2つも互いに排反する場合,そのうちのいずれかが成立する確率 $P(A_1 \cup \cdots \cup A_n)$ は,個々の事象の成立する確率の和 $P(A_1) + \cdots + P(A_n)$ に一致します.この**確率の加法法則**が,すべての確率計算の基本です.

確率の加法法則は,パスカルとフェルマーの時代から一貫して用いられてきた基本法則でした.コルモゴロフは,集合 Ω の部分集合 A に実数 $P(A)$ を対応させるというごく単純な仕組みを考え,基本法則 (1) と (2) を,いわば確率の「公理」として,確率の一般理論を展開しようと考えたのでした.

あとでいう確率変数の柔軟な取り扱いのため,加法法則を無限個の事象を含む場合へと拡張する必要があることに,コルモゴロフは気づきました.無限個の事象

$$A_1, A_2, \ldots, A_n, \ldots$$

があり,どの2つも互いに排反していたとします.すなわちどの番号 m と n をとっても,$m \neq n$ である限り $A_m \cap A_n = \emptyset$ であったとします.「これらの事象 A_n のうちどれかが成立する」という事象は,和集合

$$\bigcup_{n=1}^{\infty} A_n$$

すなわち

$$A_1 \cup A_2 \cup \cdots \cup A_n \cup \cdots$$

であらわされます．この和事象 $\bigcup_{n=1}^{\infty} A_n$ の確率は

$$\sum_{n=1}^{\infty} \mathrm{P}(A_n)$$

すなわち無限級数

$$\mathrm{P}(A_1) + \mathrm{P}(A_2) + \cdots + \mathrm{P}(A_n) + \cdots$$

で与えられるはずです．このように拡張された確率の公理をもとにして，コルモゴロフは次のように確率空間と呼ばれる数学的構造を定義します．

▶ 確率空間の定義

空でない集合 Ω と，その部分集合の集まり $\mathcal{B}$ とが与えられているとする．Ω の要素を試行といい，$\mathcal{B}$ に属する集合を事象という．さらに，各事象にその確率と呼ばれる 0 以上 1 以下の実数を対応させる関数 P が与えられていて，次の (a) 〜 (d) をみたしているとする：

(a) 集合 Ω はひとつの事象であり（つまり $\mathcal{B}$ に属し），$\mathrm{P}(\Omega) = 1$ である
(b) 事象 A の補集合 $\Omega \setminus A$ も事象である
(c) 事象列 A_1，A_2，A_3，... の和集合

$$\bigcup_{n=1}^{\infty} A_n = A_1 \cup A_2 \cup A_3 \cup \cdots$$

も事象である

(d) 事象列 A_1，A_2，A_3，... において，どの 2 つの事象も互いに排反するとき，等式

$$\mathrm{P}\left(\bigcup_{n=1}^{\infty} A_n\right) = \sum_{n=1}^{\infty} \mathrm{P}(A_n)$$

が成立する．

この場合に，三つ組 $(\Omega, \mathcal{B}, \mathrm{P})$ をひとつの**確率空間**と呼ぶ．

これはとりもなおさず，**全体集合の測度が 1 であるような測度空間を確率空間と呼ぶ**ということです．17世紀以来，確率の計算に用いられてきた加法法則が，コルモゴロフのもとで，図形の大きさの計量に由来する測度の概念と，思いがけず結びついたのです．

▶ 確率変数と期待値

コインを投げて，表が出たら 100 円払い，裏が出たら 200 円もらえる，という賭けがあったとします．コインの表裏どちらが出るかは五分五分ですから，平均するとこの賭けでは

$$(-100\,\text{円}) \times \frac{1}{2} + (200\,\text{円}) \times \frac{1}{2} = 50\,\text{円}$$

と，50 円の得をすると期待できます．サイコロを振って，1 が出たら 500 円もらえ，2 が出たら 300 円払うが，それ以外では 50 円払う，という賭けで，50 円払うことになるという事象の確率は，サイコロが 3 〜 6 の目を出す確率と等しく，2/3 となります．ですから，この賭けは，平均すると

$$(500\,\text{円}) \times \frac{1}{6} + (-300\,\text{円}) \times \frac{1}{6} + (-50\,\text{円}) \times \frac{2}{3} = 0\,\text{円}$$

となり，損得なしの勘定になります．

賭けにおける損得の金額のように，試行の結果に応じて値の決まる数を**確率変数**といいます．ですから，コルモゴロフ流の確率空間による表現では，確率変数は Ω を定義域とする関数

$$f: \Omega \to \mathbb{R}$$

ということになります．ただし，どんな関数でも確率変数と呼べるかというと，そうではありません．確率変数を考える以上，それに関連したいろいろの事象の確率が求まらないと困ります．そこで，「確率変数 f がある範囲の値をとること」が，事象となっている（すなわち $\mathcal{B}$ のメンバーになっている）ということが要求されます．そのため，$c < d$ であるようなすべての実数 c と d について，集合

$$\{\omega \in \Omega \mid c \leqq f(\omega) < d\}$$

すなわち区間 $[c, d)$ の f による逆像が $\mathcal{B}$ のメンバーであるような関数 f だけを確率変数と呼ぶことにするのです．ですから，**確率空間 $(\Omega, \mathcal{B}, \mathrm{P})$ における確率変数とは，Ω 上の実数値 $\mathcal{B}$-可測関数のこと**に他なりません．

確率変数の**平均値**，またの名を**期待値**は，その確率変数のふるまいのひとつの目安として重要な意味をもちます．

先ほど述べた賭けの例のように，確率変数 f のとりうる値が有限個，たとえば $c_1, \ldots, c_n$ である場合には，$f(\omega) = c_i$ となる確率を p_i として，f の平均値 $\mathrm{E}(f)$ は

$$\mathrm{E}(f) = c_1 p_1 + \cdots c_n p_n$$

で与えられることになります．しかし，「実験装置に封じこめられた不安定な放射性の原子が崩壊する時刻」のように，確率変数 f のとりうる値が無限に多くある場合は，このように単純な重みつき和では平均値をあらわすことができません．

確率空間を用いるコルモゴロフの確率論の真価が発揮されるのはここです．実は**平均値とは積分のこと**なのです．無限に多くの値をとりうる確率変数 f の平均値 $\mathrm{E}(f)$ を求めるには，確率 P を測度とみなして，f を空間 Ω 全体にわたって積分すればいいのです：

$$\mathrm{E}(f) = \int_\Omega f(\omega)\, d\mathrm{P}.$$

平均値（期待値）が積分で与えられることは，ルベーグの収束定理などルベーグ積分における強力な定理を，確率計算のツールとして活用できるということを意味します．**確率論とは確率空間における測度と積分の理論である**というコルモゴロフの提唱によって，確率論に解析学の手法をもち込むことが可能になったのです．また逆に，測度が有限であるような空間における解析学に確率論的な視点を

もち込むことも可能になったといえます．

　コルモゴロフの測度論的な確率論によって，「偶然とは何か」「確からしさとは何か」といったいささか形而上学的な疑問から解放された，純粋数学としての確率論がようやく誕生したといえます．

chapter 7 集合と位相はこうして数学の共通語になった

フーリエの時代からルベーグ積分まで，集合を利用するいろいろな数学の発展の歴史を見てきました．この最後の章では，集合が数学全般の共通言語となった経緯をふりかえってみます．

7.1 ユークリッドと 2000 年間の難問

▶ユークリッド『原論』

紀元前 300 年ごろに成立したユークリッドの『原論』は，その当時のギリシャ世界で知られていた数学の基本の部分を集大成したものと考えられています．ユークリッドについては，『原論』の他に『光学』などの著作が知られていますが，その人物については詳しくわかっていないようです．

想像図

ユークリッド『原論』は，中世のアラビアやヨーロッパにおいて，たくさんの写本と注釈書が書かれ，実に 19 世紀に入るまで，ほぼそのまま，幾何学の教科書として用いられ続けました．定義および公理という基本命題を出発点として一歩一歩証明を積み重ねていくという，今日まで続く数学における叙述のスタイルは，この『原論』によって確立したといえそうです．古代から近代まで時代を通じて広く学ばれたこの『原論』は，「聖書に次いで広く読まれた本」と形容されることもあるほどです．中世・近世のヨーロッパにおいて，『原論』の叙述のスタイルが理性の正しい使用のお手本とされたこともあって，その影響は数学はいうに及ばず，哲学にまで及びました．たとえば，17 世紀にオランダで活躍した哲学者スピノザは，哲学の各分野にわたって自説を体系的に展開した主著『幾何学的順序で示された倫理学』（エチカ）において，ユークリッド『原論』のスタイルを踏襲しています．同じ時期に，イギリスでニュートンが

自分の力学の業績を著書『自然哲学の数学的諸原理』（プリンキピア）にまとめたときも，みずから開発した微分積分学による記述を採用せず，幾何学を用いて，『原論』と同様のスタイルで論述を展開しています．

▶ ユークリッド『原論』と論証

ユークリッド『原論』は，冒頭に

- 点とは部分のないものである
- 線とは幅のない長さである
- 線の端は点である

のように全部で 23 個の「定義」を掲げ，続いて 5 つの「公準」と 9 つの「公理」を述べます．「公準」とは，幾何学的な操作として認められるべきことを，要請として述べたものです．（引用は『エウクレイデス全集』，斎藤憲訳，東京大学出版会，第 1 巻より）

ユークリッドの 5 つの公準

(1) すべての点からすべての点へ直線を引くこと
(2) 有限な直線を連続して 1 直線をなして延長すること
(3) あらゆる中心と距離をもって円を描くこと
(4) すべての直角は互いに等しいこと
(5) もし 2 直線に落ちる直線が〔和が〕2 直角より小さい同じ側の内角を作るならば，2 直線が限りなく延長されるとき，〔内角の和が〕2 直角より小さい側で，それらが出会うこと

また，「公理」は，およそ数学的な推論において自明に成り立ち，誰もが同意するであろうと思われる内容を述べています．

ユークリッドの9つの公理

(1) 同じものに等しいものは互いにも等しい
(2) もし等しいものに等しいものが付け加えられたならば，全体は等しい
(3) もし等しいものから等しいものが取り去られたならば，残されたものは等しい
(4) 等しくないものに等しいものが付け加えられたならば，全体は等しくない
(5) 同じものの2倍は互いに等しい
(6) 同じものの半分は互いに等しい
(7) 互いに上に重なり合うものは互いに等しい
(8) 全体は部分より大きい
(9) 2直線は領域を囲まない

ところで，ユークリッド『原論』が定義・公準・公理から始まっているのはなぜでしょうか．『原論』自身にその答えを求めても，解説めいたことは何も書かれていません．なにしろ，冒頭に定義と公準と公理を述べたあとは一気呵成に論証へと突き進むのが，『原論』のスタイルなのです．しかしながら，『原論』のこのスタイルそのものが，定義・公準・公理の必要性を，おのずから説明しています．

命題の正しさを，事例によってでも権威によってでもなく，論証によって明らかにする．それがユークリッド『原論』が確立した数学の叙述の進め方です．ところが，ある命題の正しさを論証によって示そうとすれば，その論拠となる別の命題が必要となります．

たとえば，「三角形の内角の和が180°に等しい」という命題を，次のように証明したとしましょう．

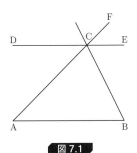

図 7.1

三角形 ABC が与えられたとして，図のように頂点 C を通り辺 AB に平行に直線 DE を引くと，∠CAB と ∠ACD は錯角だから等しく，∠ABC と ∠ECB は錯角だから等しい．したがって ∠CAB + ∠ABC + ∠BCA は ∠ACD + ∠BCA + ∠ECB に等しく，これは平角 ECD に等しいから 180°である．

この証明は「平行な 2 直線が他の 1 直線に交わるとき錯角は等しい」という命題に依存しています．そこで ∠CAB と ∠ACD という錯角が等しい理由を問われれば，∠ACD が ∠FCE の対頂角であり，∠FCE は角 ∠CAB の同位角であること，と答えられるでしょう．

対頂角 ∠ACD と ∠FCE が等しいのは，それぞれが，平角 ECD と平角 ACF から同じ角 ∠ACE を引いた残りになっているからです．

そのように説明して「なるほど」といってもらえればいいのですが，ここでさらに，それではなぜ平角 ECD と平角 ACF が等しいといえるのか，また，そうだとして，両者から同じ角 ∠ACE を引いた残りが等しいとはなぜいえるのか，と食い下がる人がいたとしたら，どうでしょうか．これでは，論証を前に進める代わりに，根拠の根拠を追い求めて，論理の糸を逆向きにどこまでも遡らなくてはならなくなります．

こうした無限遡及を避けるために，議論の出発点となる共通了解事項として，公準や公理が必要となるわけです．

上の例でいえば，「対頂角は等しい」という命題を証明するにあたっては，公準(4)あるいは公理(7)に訴えて平角どうしが等しいことを証明し，次に等しいものから等しいものを引いた残りが等しいという公理(3)に訴えればよいとわかります．もう 1 つの，「平行な 2 直線が他の 1 直線に交わるとき同位角は等しい」の証明には，公準(5)が用いられることもわかります．

▶ 平行線の公準について

ユークリッド『原論』のうち幾何学的な原理を述べたと考えられるのが 5 つの公準です．このうち第 5 公準は

> もし 2 直線に落ちる直線が〔和が〕2 直角より小さい同じ側の内角を作るならば，2 直線が限りなく延長されるとき，〔内角の和が〕2 直角より小さい側で，それらが出会うこと

と述べられています.

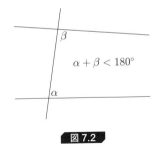

図 7.2

　この命題は，正しいかといわれれば正しいでしょうけれども，他の 4 つの公準と比較して長く複雑な文章です．そのうえ「二直線が限りなく延長される」云々のところでは，ギリシャの自然学では忌避されていた無限概念に言及しています.
　そうしたことから，この第 5 公準は，自明の前提とするにはふさわしくない，という批判が古代からありました．この第 5 公準をもっと自然で自明な命題によって置き換えられないでしょうか．あるいは，他の公準から出発して第 5 公準を証明してしまうことはできないでしょうか．そのようにして第 5 公準を除去することで，ユークリッド『原論』を「浄化」しよう，という試みが，その後 2000 年間にわたって続けられることになります.
　早くも紀元前 100 年ごろには，ポセイドニウスという人によって第 5 公準を証明する試みがなされていたようです．また紀元後 2 世紀ごろの学者で，天文学の歴史に不朽の名を残すトレミー（プトレマイオス）も，第 5 公準の証明に挑戦していることが記録に残っています.
　そうした試みを通じて，「直線と，その直線上にない 1 点が与えられたとき，この点を通り，もとの直線と交わらない直線が，ちょうど 1 本だけ存在する」という《平行線の公理》や「三角形の内角の和は 2 直角に等しい」という命題が，いずれも第 5 公準と同値であることが理解されるようになります.
　このように，第 5 公準をより明快な表現をもつ命題によって置き換える試みは，一定の成果を上げたのですが，第 5 公準が実は他の公理・公準から証明できる定理なのではないか，という問題は，未解決のまま残されました.
　ただし，その 2000 年間を通じて，第 5 公準を含むユークリッドの幾何学の体系の「正しさ」自体は疑われたことがありません.

▶第 5 公準証明の試み

ユークリッドの第 5 公準を証明する試みは，2000 年間の長きにわたって，たくさんの数学者の挑戦をしりぞけ続けてきました．証明に成功したと思った人もいたのですが，その証明を詳しく検討すると，どれも，第 5 公準がなければ一般には成立しない命題を「明らかに」成立するものと暗黙のうちに仮定してしまっているのでした．

第 5 公準の証明へのもっとも大規模で執拗なアタックを展開した学者として，18 世紀のイタリアのサッケーリ（1667-1733）がいます．先人たちの証明の試みを批判的に研究し，第 5 公準の直接証明がきわめて困難であることを察知したサッケーリは，間接証明，すなわち背理法によって第 5 公準を攻略しようという作戦を立てます．サッケーリはまず，次のような四角形に注目します．

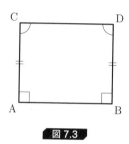

図 7.3

ここで 辺 AC = 辺 BD であり，∠A = ∠B = 直角 です．サッケーリはまず，この四角形において ∠C = ∠D であることを，第 5 公準の使用を注意深く回避しつつ証明します．もちろん，通常の（第 5 公準の成立する）幾何学では，このとき四角形 ABDC は長方形で，∠C = ∠D = 直角 となります．逆に，もしもこの四角形 ABDC において ∠C = ∠D = 直角 となるならば，他のすべての四角形において内角の和が 360° となり，また，すべての三角形の内角の和が 180° になって，ユークリッドの第 5 公準が成立することを，サッケーリは確かめました．

そこで，サッケーリは次に

- 鈍角仮定：∠C と ∠D は直角より真に大きい
- 鋭角仮定：∠C と ∠D は直角より真に小さい

という 2 つの仮説を検討します．これらのいずれもが論理的な矛盾にたどりつ

くことを証明すれば，背理法によって第5公準の証明ができることになります．

ところが，このサッケーリの間接証明の作戦も，半分しか成功しませんでした．2つの仮説のうち，鈍角仮定は「直線は好きなだけ延長できる」というユークリッドの第2公準と矛盾することがわかったため排除できたのですが，残った鋭角仮定から矛盾を出すことは，どうしてもできなかったのです．

サッケーリは最終的に，「お互いに交わらないが，お互いに距離が限りなく近くなる2直線が存在する」「直交する2直線のどちらとも交わらない第3の直線が存在する」といった，鋭角仮定からの論理的帰結を「直線の本性に反する」と判断し，それを根拠として鋭角仮定の排除を宣言して，研究を締めくくっています．たしかに，これらの結果は，通常の幾何的な直観からすると，いかにも不合理に見えます．しかしながら，これらはべつだん論理的な矛盾を含んではいないので，サッケーリの結論は，第5公準の証明にはなっていません．

▶非ユークリッド幾何学

サッケーリの失敗の意味が理解されるのは，およそ100年ほど後のことです．ドイツのガウス (1777-1855)，ロシアのロバチェフスキー (1792-1856)，ハンガリーのボヤイ (1802-1860) らが，サッケーリの鋭角仮定からは論理的矛盾が決して導かれないことに気づきます．ユークリッドの第5公準とは相容れないけれども，それ自体として整合的な，もう1つの幾何学，すなわち《非ユークリッド幾何学》が可能なのだ，ということが理解されたのです．

非ユークリッド幾何学においては，

- 1直線とその上にない1点が与えられたとき，この点を通りもとの直線と交わらない直線が無数に存在する
- 合同でない三角形は決して相似にならない
- 三角形の内角の和は180°より小さく，その不足分の大きさは，三角形の面積に比例する
- 三角形の面積には上限がある

といった，ユークリッドの幾何学（第5公準の成立する幾何学）とはかなり様子の違ういろいろな定理が成立します．面積が小さな三角形では内角の和が180°に限りなく近くなることから，ユークリッドの幾何学は，非ユークリッド幾何学の極限の場合として含まれることになります．

このことから，ガウスやロバチェフスキーは次のように論じます．わたくしたちの周りの空間がユークリッドの幾何学に従っているように見えるのも，観察できる空間の範囲が狭く限られているからそう見えるだけかもしれない．天文学的なスケールで見た場合，現実の空間が非ユークリッド幾何に従っている可能性がある．ユークリッドの幾何学と非ユークリッド幾何学のどちらが現実の空間の正しい記述であるかは，理論だけでは決めることができず，大規模かつ精密な測定によって決定する他ないのだと．

　非ユークリッド幾何学の可能性を歴史上初めてはっきりと認識したのはガウスで，1815年ごろのことでした．しかしガウスは，頭の固い人たちにこの発見が誤解され「炎上」することを怖れて，自分の理論を公表しませんでした．それでも，1840年代になると，ロバチェフスキーやボヤイの研究が公刊されて多くの数学者の目に触れるようになり，2000年間の長きにわたって唯一の空間構造の唯一の正しい記述と見なされてきたユークリッドの幾何学も「可能な幾何学のひとつ」という地位に転落することになります．

　最終的に，リーマンが，1854年の教授資格取得講演『幾何学の基礎をなす仮説について』で，幾何学は多次元量の構造の研究だと論じます．

　リーマンの着想を2次元の場合に手短に説明します．2つの実数 x と y のペアで表示される点 $\mathrm{P}(x,y)$ と，P からほんの少しだけ離れた点 $\mathrm{P}'(x+dx, y+dy)$ との間の微小な距離 ds が，式

$$ds^2 = f(x,y)\,dx^2 + g(x,y)\,dx\,dy + h(x,y)\,dy^2$$

によって決まるような，《一般の空間》を研究しよう，とリーマンは提唱したのです．ここで，$f(x,y)$，$g(x,y)$，$h(x,y)$ は x と y のなんらかの関数とします．たとえば，すべての点 (x,y) で $f(x,y)=1$，$g(x,y)=0$，$h(x,y)=1$ であれば，ピタゴラスの定理の等式

$$ds^2 = dx^2 + dy^2$$

が成立することになります．これが，ユークリッド平面の場合に相当します．一般の場合は，距離の測り方が点ごとに変化するのを認めるわけです．

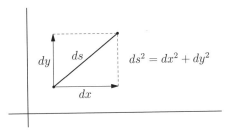

図 7.4 ユークリッド平面の場合

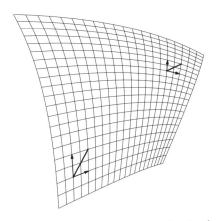

図 7.5 一般の場合（計量が一定でない）

リーマンの計量テンソル，と呼ばれる3つの関数 f, g, h をうまく選べば，ロバチェフスキーとボヤイの非ユークリッド幾何の成立する2次元空間も，この方法で実現できます．

このように各点のまわりでの距離の測り方が指定された多次元的な拡がりのことは，こんにちでは《リーマン多様体》と呼ばれています．

この1854年のリーマンの講演が，こんにちの微分幾何学の礎を築きます．リーマンの幾何学が，20世紀に入ってから，アインシュタインの重力の理論（一般相対性理論）などに応用され，次第に受けいれられてゆく過程で，幾何学は唯一の空間の構造についての正しい知識の集成，という意味づけを，完全に喪失することになります．

こんにちでは，わたくしたちをとりまく現実の空間的拡がりの意味で数学者が「空間」という言葉を使うことは，ほとんどなくなったように思います．

▶ 純論理的構築物としての数学

以上，簡単にですが，ユークリッド以来，唯一の空間についての真理の数学的記述と見なされてきた幾何学が，ガウス，ロバチェフスキー，ボヤイの非ユークリッド幾何学の発見によって，空間に対する仮説の体系へと意味を変え，さらにリーマンの登場によって，一般的・抽象的に考えられた多様体としての空間の研究と考えられるようになった，そのようすを追いかけてきました．同じ時期に，幾何学だけでなく，解析学においても研究対象の一般化が進行していたことは，ここまでにフーリエ級数と積分論を例にとってお話ししてきたとおりです．

このように，数学の研究対象が多様で一般的なものになったことにより，その研究方法は，ユークリッドが望んでいた以上に，論理的に精密でなければならなくなります．サッケーリたちの平行線公理に関する研究がよい例です．正しいと信じているユークリッドの第5公準を否定する仮説をことさらに導入し，その論理的帰結を追求しようという研究方法においては，直観的に明らかに正しい（あるいは直観的に明らかに間違っている）ということを，論証の根拠としてもち出すことはできません．あえて直観に反する仮説を立てて論じている以上，直観をあてにすることはできないのです．

この事情は，研究対象が一般的・抽象的になった現代の数学でも同じです．

測度空間，確率空間，距離空間，位相空間などなど，わたくしたちはしばしば，研究対象の領域を「空間」と呼び，その構成要素を「点」と呼びますが，そのさい，べつだんユークリッドの「点とは部分のないものである」「線の端は点である」を思い出すことはありません．そのとき「点」と呼ばれたものがどのように振るまうのか，それは，「点」という概念の分析によってではなく，研究対象の構造を規定する前提条件によって決まると考えるのです．こうして，現代の数学の方法論は，形の上では定義と公理から出発するユークリッド『原論』に近いのですが，定義や公理から直観的な意味内容をすべて抜き去り，純粋に論理のみによって，議論を展開するやり方においては，ユークリッド『原論』より徹底しています．

そうはいっても，数学者が理論を構築するにあたって直観的なイメージをまったく用いないということは，まず考えられません．数学における論理と直観の関係は，難しい問題です．こと論証においては，直観やイメージに頼らず，論理的に穴のない議論をせねばならないことは確かです．しかし，論理のステップを一歩一歩きちんと踏むだけでは，どの方向に進めばいいかはわかりません．人は足で歩くものですが，足はどこに行くかを考えてくれないのです．新しい理論を作るためには，論証に先立って，何を論証すべきか教えてくれる直観の助けが必要なのです．

7.2 構造の研究としての数学

さて，このようにユークリッドの幾何学の意味づけは変遷してきたのですが，ユークリッドの『原論』が確立した論証のスタイルの価値は，こんにちに至っても，なんら変わることはありません．とくに，20世紀中頃，フランスのブルバキによって，ユークリッドの方法論がよりいっそう大規模に展開されました．

▶ ブルバキの『数学原論』

ブルバキというのは，個人名ではなく，20世紀中頃にフランスで活躍した数学者のグループの名前です．

ブルバキの活動の発端には，第一次世界大戦でフランスがこうむった甚大な人的損失が関連しています．大戦後のフランスでは，中堅の学者というべき人がとても少なくなっていたというのです．それで，若い学者たちは，高齢の大学教授の古いスタイルの講義を受けて育つことになりました．当時のフランスの大学での伝統的な数学教育といえば，微積分や複素関数論などの古典解析が主流でした．パリのエコール・ノルマルで，こうした古い伝統に則った数学教育を受けて育った若い大学教員たち（アンドレ・ヴェイユ，アンリ・カルタン，クロード・シュバレー，ジャン・デルサルト，ジャン・デュドネ，ルネ・ド・ポッセル，…）が，ドイツで発展しつつあった抽象代数学や，東欧・ロシアで生まれた関数解析学に出会って衝撃を受け，フランスでもそれらの新しい結果を取り入れた大学の数学の教科書を自分たちで作ろうと相談し始めたのでした．

その教科書の企画は，やがて，同時代の数学の主要な部分を，一貫した立場から，すべて改めて一から完全な証明をつけて書きおろそう，という野心的な計画へと発展していきます．かつてユークリッドが古代ギリシャの数学全体を集大成

したように，現代の数学全般をひとつの体系にまとめあげた書物を書こうというのです．ユークリッドに倣って『数学原論』と呼ばれることになったその書物の共同執筆者のペンネームとして採用されたのが，ギリシャ人ふうの架空の数学者名ニコラ・ブルバキでした．

▶『数学原論』と構造

ブルバキの『数学原論』の叙述は，ユークリッドの『原論』のスタイルを踏襲します．すなわち，定義と公理を最初に提示し，順を追ってすべての命題に証明をつけていきます．そのため，つねに議論は一般から特殊へ，抽象的なものから具体的なものへ，という順に進んでいくことになります．たとえば，整数の代数的理論の前に，環の理論（足し算，引き算，かけ算はできるが，割り算を考えない演算のシステムの一般論）を展開するわけです．多重に拡がった量に計量を与えるリーマンの理論を考えると，ユークリッドの幾何学と非ユークリッド幾何学が，どちらもその特別な場合に帰着されると前のセクションでいったことを思い出してください．ブルバキの『数学原論』はそれと同様に，一般の場合を先に考え，そのあとで個別のケースを一般論に帰着させるのです．

ですから，ブルバキが，たとえば環の理論を展開しているときには，それが整数の演算のことをいっているのか，複素数の演算のことをいっているのか，あるいは，実数を係数とする一変数 x の多項式の計算のことを考えているのか，まだ決まっていません．

同様に，2次元の幾何の一般論を展開しているときには，そこで扱われている2次元の拡がりは，あくまで，2次元のリーマン多様体と呼べるもの全般を，一般的・抽象的に考えているのであって，ユークリッドの平面のことなのか，非ユークリッド的なロバチェフスキーの平面のことなのか，あるいは球面を考えているのか，具体的にどういう面のことを考えているのかは，まだ決まっていません．

一般論をそのように展開しておけば，環の一般論で成立する命題は整数の演算でも複素数の演算でも多項式の演算でも成立するし，2次元のリーマン多様体の一般論で成立する命題はユークリッドの平面でもロバチェフスキーの平面でも球面でも，同じように成立します．

対象の振舞いを規定するルールさえ明示されていれば，どのような対象のことを考えているのかを具体的個別的に決めてしまわなくても，有効な数学の議論ができる，ということを，こうしてブルバキは立証したのです．

ブルバキは理論の出発点において，考察の対象の振舞いを規定するルールを公

理として明示します．考察の対象には，それが明示された公理をみたすことだけを要求し，その対象が具体的個別的に何者であるのかは問いません．そのように一般的・抽象的に考えられた数学的対象のことを，ブルバキは《構造》と呼びます．ブルバキの『数学原論』においては，公理は構造を決めるためのもの，いわば構造の定義であり，「証明不要の自明な真理」という意味を，まったくもちません．この点において，伝統的な公理の解釈とは，大きく異なっているわけです．

▶ 構造の例

ここでは，構造の例として「群」をとりあげます．

集合 G があり，その集合 G の 2 要素 x と y に対して，それらの合成と呼ばれる G の要素 $x \circ y$ が定まって，しかも次の (1) − (3) が成立するものとします．

(1) G の 3 つの要素 x，y，z について等式

$$x \circ (y \circ z) = (x \circ y) \circ z$$

が，つねに成立する

(2) G には次の条件をみたす特別な要素 e が存在する：G のどの要素 x についても，等式

$$e \circ x = x \circ e = x$$

が成立する．つまり e との合成は x を変化させない

(3) G のどの要素 x に対しても，G の要素 x' が存在して，等式

$$x \circ x' = x' \circ x = e$$

が成立する．ここで e は (2) で言及された特別な要素である

このとき，集合 G は演算 $\circ$ のもとで群をなす，というのです．(1) の等式を演算 $\circ$ の結合律といい，(2) でいう特別な要素のことを G の単位元，また (3) でいう x に対する x' のことを，x の逆元と呼びます．この (1) − (3) が，「群の公理」というわけです．

群の例はいろいろあります．簡単な例としては，たとえば次のようなものがあります．

(a) 集合 G として整数の全体を考え，演算 $\circ$ として整数の足し算を考える．e とは整数 0 のことであり，x に対する x' とは $-x$ のことであるとする

(b) 集合 G としてゼロでない実数の全体を考え，演算 $\circ$ として実数のかけ算を考える．e とは実数 1 のことであり，x に対する x' とは $1/x$ のことであるとする

(c) 素数 p を固定し，集合 G としては 1 以上 p 未満の整数の集合 $\{1, 2, \ldots, p-1\}$ を考える．2 つの整数 x と y の積 xy を素数 p で割ったときの余りを $x \circ y$ とする．e とは整数 1 のことである．x に対する x' が何になるかは場合によるが，その存在は素数の性質によって保証される

この (c) の例の群は $\mathbb{Z}_p^\times$ と呼ばれるものです．$\mathbb{Z}_3^\times$, $\mathbb{Z}_5^\times$, $\mathbb{Z}_7^\times$ の演算結果を表にすれば，次のようになります．たとえば $\mathbb{Z}_5^\times$ での $2 \circ 3$ の演算結果を知りたければ $\mathbb{Z}_5^\times$ の演算表で上から 2 行目，左から 3 列目を見ればよい，というものです．

表 7.1

$\mathbb{Z}_3^\times$	1	2
1	1	2
2	2	1

$\mathbb{Z}_5^\times$	1	2	3	4
1	1	2	3	4
2	2	4	1	3
3	3	1	4	2
4	4	3	2	1

$\mathbb{Z}_7^\times$	1	2	3	4	5	6
1	1	2	3	4	5	6
2	2	4	6	1	3	5
3	3	6	2	5	1	4
4	4	1	5	2	6	3
5	5	3	1	6	4	2
6	6	5	4	3	2	1

数の演算とは違う場面に現れる群もあります．4 つの要素からなる集合 $G = \{e, \alpha, \beta, \gamma\}$ に次の表のように演算が定められているとしましょう．

表 7.2

	e	α	β	γ
e	e	α	β	γ
α	α	e	γ	β
β	β	γ	e	α
γ	γ	β	α	e

この群は《四群》と呼ばれます．この群が登場する場面を，いくつか紹介しましょう．

▶ シーン1「4つの文字」

次にご覧に入れる4つの図形はそれぞれアルファベットのp，q，b，dのように見えますので，ここではそれぞれを，図形p，図形q，図形b，図形dと呼ぶことにします．

図 7.6

これらの図形について，次のことがわかります．

(α) 図形を鏡に映すように左右反転すると，図形p，q，b，dは，それぞれq，p，d，bに変換される
(β) 図形を上下反転すると，図形p，q，b，dは，それぞれb，d，p，qに変換される
(γ) 図形の乗っている平面を180度回転させると，図形p，q，b，dは，それぞれd，b，q，pに変換される

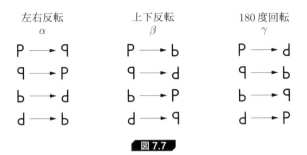

図 7.7

ここで，左右反転，上下反転，180 度回転は，いずれも同じ操作を 2 度続けて施すともとに戻ります．また，左右反転に続けて上下反転した結果は，ちょうど 180 度回転と同じことになります．いま，左右反転を α，上下反転を β，180 度回転を γ と書き，さらに「なにも動かさない」ことを e と書いて，4 つの操作の集合 $G = \{e, \alpha, \beta, \gamma\}$ を考えます．G に属する操作 x の次に続けて操作 y を施すことを，$y \circ x$ と書けば，この演算 $\circ$ のもとで G は四群になっています．

▶ シーン 2 「逆と裏と対偶」

高校数学でも習う「p ならば q」という形の命題の，逆と裏と対偶，の話です．この命題に対して「ならば」の右と左を入れ換えて得られる「q ならば p」という命題は，もとの「p ならば q」の逆と呼ばれます．また p と q それぞれをその否定命題に書き換えて得られる「p でないならば q でない」は，もとの「p ならば q」の裏と呼ばれます．さらに，p と q を否定命題に書き換え，さらに左右の位置も入れ換えて得られる「q でないならば p でない」は，もとの命題「p ならば q」の対偶と呼ばれます．次のことがわかります．

(ⅰ) 裏の逆は対偶である．逆の裏は対偶である
(ⅱ) 裏の対偶は逆である．対偶の裏は逆である
(ⅲ) 逆の対偶は裏である．対偶の逆は裏である
(ⅳ) 逆の逆，裏の裏，対偶の対偶は，もとの命題である

命題「p ならば q」から逆を作る操作を変換 α と呼び，裏を作る操作を変換 β と呼びましょう．すると対偶を作る操作は変換 α に続けて変換 β を施すこと，ともいえますし，また変換 β に続けて変換 α を施すこと，ともいえます．

対偶を作る操作を変換 γ と呼びましょう．また，もとの命題のままにしておく（あるいは，もとの命題に戻る）ということを，変換 e と書くことにしましょう．すると，上の（i）〜（iv）に書いたことを，

$$\alpha \circ \beta = \gamma, \quad \beta \circ \alpha = \gamma,$$
$$\beta \circ \gamma = \alpha, \quad \gamma \circ \beta = \alpha,$$
$$\alpha \circ \gamma = \beta, \quad \gamma \circ \alpha = \beta,$$
$$\alpha \circ \alpha = \beta \circ \beta = \gamma \circ \gamma = e$$

と表現できるでしょう．ですから，これら4つの変換の集合 $G = \{e, \alpha, \beta, \gamma\}$ も四群になっています．

▶ シーン3「飲み物とテーブル」

ある時，グータラな物書きの FUJITA さんと仕事熱心な編集者の SATO さんが，都内某所のカフェで面談することになった，という情景を想像してみてください．小道具として，1台のテーブルと2脚のイス，1杯のコーヒーと1杯のビールを考えます．

図 7.8

この状況で，2人が飲み物をもって着席するパターンは，次の4とおり考えられます．

(1) FUJITA さんがビールをもって左の席につき，SATO さんがコーヒーを持って右の席につく．

図 7.9

(2) FUJITA さんがコーヒーをもって左の席につき，SATO さんがビールをもって右の席につく．

図 7.10

(3) FUJITA さんがビールをもって右の席につき，SATO さんがコーヒーをもって左の席につく．

図 7.11

(4) FUJITA さんがコーヒーをもって右の席につき，SATO さんがビールをもって左の席につく．

図 7.12

ここで2人がテーブルの上の飲み物をそのままにして，席を入れ替わることを，変換 α と呼び，2人の席はそのままで，テーブルの上の飲み物を入れ換えることを，変換 β と呼びましょう．変換 α のあとにすぐ続けて変換 β をほどこすと，2人がそれぞれの飲み物をもって席を入れ替わることになります．このように席と飲み物の両方を入れ換えることを変換 γ と呼びましょう．

すると，変換 α によって配置(1)と配置(4)が互いに移りあい，配置(2)と配置(3)が互いに移りあいます．変換 β では配置(1)と配置(2)が互いに移りあい，配置(3)と配置(4)が互いに移りあいます．また変換 γ では配置(1)と配置(3)，配置(2)と配置(4)が互いに移りあいます．

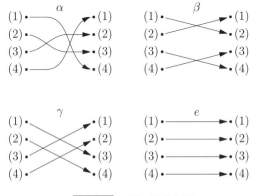

図 7.13 四群の置換表現

さて、α のすぐあとに続けて β を施す変換 $\beta \circ \alpha$ は、FUJITA さんと SATO さんが席を交替し、そのあとに飲み物を入れ替えるので、席と飲み物を両方入れ替える変換 γ に一致します。また、変換 γ のあとに続けて変換 α を施す変換 $\alpha \circ \gamma$ は、まず FUJITA さんと SATO さんが飲み物をもって席を交替し、つぎに飲み物を置いて人だけもう一度席を交替するのですから、全体の効果としては、人はもとの位置に戻り、飲み物だけ交換される、つまり変換 β と同じ結果になります。

なにもしないという変換 e をも考慮に入れて、これらの効果をすべて数え上げると、変換の集合 $G = \{e, \alpha, \beta, \gamma\}$ は四群になっています。

表7.3

	e	α	β	γ
e	e	α	β	γ
α	α	e	γ	β
β	β	γ	e	α
γ	γ	β	α	e

▶ ブルバキと構造主義

さて、図形の変換、命題の変形、飲み物と人の配置換えという3つのシーンに、いずれも四群が登場することがわかりました。しかし、変換の集合がどちらの場合も四群をなすからといって、画像処理ソフトウェアで図形を変換することと、カフェで席を移動することとの間に、べつだん内容的な関連があるとは、誰も考えません。では、これは単なる偶然の一致なのでしょうか。

そうともいえないでしょう。4つの図形 p、q、b、d と、カフェでの席と飲み物の配置 (1) (2) (3) (4) に何の関連があるかは、たしかに全然わかりませんが、図形の場合は左右の軸と上下の軸のそれぞれの反転、カフェの場合は、人の配置と飲み物の配置それぞれの交換という、2つの独立な反転の軸があるという点は共通している、そのことが、変換の構造に注目することで見えてくるわけです。

そうすると、考察の対象に属するある要素が他の要素とどのような関係にあるか、あるいは、要素間にどのような変換がありうるかといった振舞いに注目することで、研究対象に隠された情報を上手に取り出せる、そういう場面があることがわかります。そして、その場合の研究対象というのは必ずしも従来の数学的な対象、数や図形といったものばかりでなく、たとえばカフェでの席の配置、といっ

たものでもありうるわけですから，構造に注目する一般的・抽象的な現代の数学は，物理学・天文学や工学といった従来の数学の応用範囲を越えて，新しい多様な分野に応用できる可能性をもっているといえます．

そうした思いがけない応用のひとつとして，ブルバキの初期メンバーのひとりアンドレ・ヴェイユ（1906-1998）が群の理論を用いて，人類学者クロード・レヴィ＝ストロース（1908-2009）が研究していたオーストラリア先住民族における婚姻のルールの仕組みの解読をおこなった事例があります．

レヴィ＝ストロースの人類学研究の方法は構造主義と呼ばれ，ヤコブソンやソシュールといった言語学者に育まれた言語体系の構造分析の手法を，人類学の研究対象である文化的な現象の分析に応用するものでした．この手法と，数学的対象の構造に注目するブルバキの方法論が，単なる手法の類似というに留まらず，このように実り多い交流を産んだわけですから，ユークリッド『原論』がスピノザの『エチカ』の記述スタイルに影響を及ぼしたのとはまた違った意味合いではありますが，ブルバキ『数学原論』も，数学の世界を越えて，広い影響力をもったのでした．

7.3 まとめ：数学の共通語としての集合と位相

ブルバキ『数学原論』のうちで最初に出版されたのは集合論の巻でした．個々の要素よりも要素の集まりのなす構造に注目し，つねに一般から特殊へ，抽象から具体へという方向に進むブルバキの数学を学ぶためには，公理によって構造が指定される手前の，単なる要素の集まり，すなわち集合の扱いに，最初に習熟する必要がありました．

もっとも，現代の数学において集合論が共通の言語になったのは，ブルバキひとりの責任というわけではありません．19世紀から20世紀までの数学の流れの中で，一貫して，論理的な精密さの要求が高くなり，扱う対象もどんどん多様に一般的になっていったのですから，一般的・抽象的な対象を精密に記述できる数学の共通語が求められるのは，いわば必然であったでしょう．ブルバキはその最後の仕上げをしたというわけです．

かつて，ユークリッド『原論』で数学を学んだ人たちは，まず定規とコンパスの扱いを覚え，そのうえで，正三角形の作図や三角形の合同条件（2つの三角形の2辺とそれらが挟む角がそれぞれ等しければ，両者は合同である）を勉強したわけですが，現代の数学を学ぶ人たちは，定規とコンパスの代わりに，構造を

一般的に記述するための言語である集合の理論を，最初に学ぶことになります．というのも，すでにブルバキの影響からほぼ脱しているこんにちの数学者といえども，いろいろな数学的概念を定義する場合に，集合の言葉を使うのが慣例になっているからです．

たとえ図形的なイメージが明確であるような対象についても，一般的に定義するとなると，集合の言葉を使うことが多いのです．例としてグラフの幾何学を見てみましょう．次の図のように，点と線分で構成され，頂点間のつながりを表現する図形を，一般に「グラフ」と呼びます．これは，セクション4.1で扱った写像のグラフと言葉は同じですが，別の概念です．

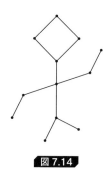

図 7.14

グラフは，電気回路や鉄道の路線図など，いろいろな情報をヴィジュアルにわかりやすく表現するのに適しています．そのため，グラフの幾何学はたいへんに豊かな応用をもった数学の大きな分野になっています．

ひとつひとつのグラフは，上の図のように，点と線で構成された図形と考えられるのですが，グラフという概念の数学的な定義は，次に示すように，まったく集合論的です：

> 集合 V と，V の要素2個のなす対を要素とする集合 E からなる組 (V, E) のことをひとつのグラフという．V の要素のことをこのグラフの頂点という．頂点の対 $\{a,b\}$ が E に属するとき，$\{a,b\}$ のことを頂点 a と b を結ぶ辺という

この定義では，たとえば次のグラフ

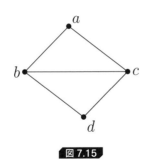

図 7.15

を 2 つの集合

$$V = \{a, b, c, d\}, \quad E = \{\{a,b\}, \{a,c\}, \{b,c\}, \{b,d\}, \{c,d\}\}$$

であらわそうとしているわけです.

そして，与えられたグラフが閉じたループを含むかどうか，とか，ひとつながりの連結なグラフかどうか，といった，グラフについてのいろいろな図形的な特徴も，一般的に定義する場合には，集合と写像の言葉を用いて定義されるのです.

これは，グラフについて考えるときに，わたくしたちが図形的なイメージをもたない，とか，もってはいけない，という意味ではありません. そうではなくて，正確さを犠牲にすることなく凝縮された言葉でアイデアを的確に伝えるために，数学共通語としての集合を使っているのです.

▶ 位相構造

また，第 5 章で検討した点集合の位相をめぐるいろいろな性質も，集合と構造の言葉を用いることで，ユークリッド空間 $\mathbb{R}^m$ を離れて，一般的な定式化を獲得しています. 孤立点と集積点，内部と境界，写像の連続性などの概念が論じられるように定められた構造のことを「位相構造」と呼びます.

位相構造の概念は，1920 年代以降，フレシェ，アレクサンドロフ，ハウスドルフ，クラトフスキといった人たちによって研究されました. それらを，現在の形にまとめ上げたのも，ブルバキの功績です.

ブルバキによる位相構造の定式化を紹介しましょう. ブルバキは，集合に位相構造を与えるためには，どの部分集合を開集合とみなすかを指定すればよいと考えました.

ユークリッド空間 $\mathbb{R}^m$ の開集合の特徴として,次の3つに注目します.

1. 空集合 $\emptyset$ と空間全体 $\mathbb{R}^m$ は開集合である
2. 2つの開集合の共通部分はまた開集合である
3. 任意の個数 (有限・無限を問わず) の開集合の和集合はまた開集合である

ですから $\mathbb{R}^m$ の開集合全体のなす集合族は, (1) 空集合 $\emptyset$ と全体集合 $\mathbb{R}^m$ を要素としてもち, (2) 2つのメンバーの共通部分をとる操作のもとで閉じていて, (3) 任意の個数のメンバーの和集合をとる操作のもとで閉じている,そういう集合族です.

ここで見方を転換します.この (1) (2) (3) という条件をみたす集合族があれば,それが何であれ,ひとまず「開集合全体のなす集合族」と呼んでしまおう,と考えるのが,ブルバキの位相構造の考え方です.

定義

空でない集合 X の部分集合からなる集合族 $\mathcal{U}$ が次の条件 (1) (2) (3) をみたすとする:

1. $\emptyset \in \mathcal{U}$ かつ $X \in \mathcal{U}$
2. $A \in \mathcal{U}$ かつ $B \in \mathcal{U}$ ならば $A \cap B \in \mathcal{U}$
3. 集合族 $\{A_i | i \in I\}$ について,すべての i で $A_i \in \mathcal{U}$ ならば $\bigcup_{i \in I} A_i \in \mathcal{U}$

このとき $\mathcal{U}$ は X 上のひとつの**位相**であるという.集合 X と,その上の位相 $\mathcal{U}$ との組 $(X, \mathcal{U})$ を,ひとつの**位相空間**と呼び, $\mathcal{U}$ に属する集合のことを,この位相空間の開集合と呼ぶ.

このように,どの部分集合を開集合と呼ぶかを指定することで,任意の集合に位相という構造を与えます.そして,開集合を手がかりとして,それ以外のいろいろな概念を定義していくのです.わたくしたちが第5章で定義したいろいろな概念が位相の言葉でどのように再定義できるかを見ておきましょう.

まず,すでにいったとおり,位相空間 $(X, \mathcal{U})$ の開集合とは位相 $\mathcal{U}$ に属する

部分集合のことです．そして，補集合が開集合であるような集合のことを位相空間 $(X, \mathcal{U})$ の閉集合といいます．部分集合 A の内部 $\mathrm{Int}(A)$ とは，A に含まれるような開集合全体の族の和集合，A の閉包 $\mathrm{Cl}(A)$ とは，A を含むような閉集合全体の族の共通部分．そして境界 $\mathrm{Bd}(A)$ とは閉包と内部の差 $\mathrm{Cl}(A) \setminus \mathrm{Int}(A)$ というふうに定義していくことができるのです．もちろん，これらの定義は，ユークリッド空間 $\mathbb{R}^m$ の開集合全体の族（ユークリッド位相）にあてはめれば，通常の定義と同値なものになります．

位相構造の理論において特筆すべきなのは，連続写像の定義です．第5章では，イプシロン－デルタ論法という，やや複雑な形で写像の連続性を定義しましたが，同じことを，位相のことばでは，次のように簡潔に定義できるのです．

定義

2つの位相空間 $(X, \mathcal{U})$ と $(Y, \mathcal{V})$ の間の写像 $f: X \to Y$ が連続写像であるとは，$(Y, \mathcal{V})$ の任意の開集合 V に対して，その逆像 $f^{\leftarrow}[V]$ が $(X, \mathcal{U})$ の開集合になることをいう．すなわち，

$$V \in \mathcal{V} \text{ ならば } f^{\leftarrow}[V] \in \mathcal{U}$$

となることをいう．

この連続写像の定式化も，ユークリッド空間の通常の位相にあてはめれば，第5章で論じたイプシロン－デルタ論法による定義と同値になっているのです．

index 索引

記号
- ε-近傍 —— 124

ア行
- 値 —— 86
- アダマール, ジャック —— 61
- アレクサンドロフ, パーヴェル・セルゲイヴィッチ —— 219
- アレフ —— 93, 101, 102
- 位相 —— 170, 220
- 位相空間 —— 220
- 位相構造 —— 219-221
- 位相同型写像 —— 150
- 一対一対応 —— 91
- イデアル —— 107
- イプシロン-デルタ論法 —— 128-131
- ヴィラーニ, セドリック —— 172
- ヴェイユ, アンドレ —— 217
- エルミート, シャルル —— 71
- オイラー, レオンハルト —— 29

カ行
- 開区間 —— 31, 49
- 開集合 —— 145, 220
- 階段関数 —— 38
- 開被覆 —— 178
- 下界 —— 57
- 確率 —— 190
- 確率空間 —— 190, 193-194
- 確率変数 —— 194
- 下限 —— 59
- 重ね合わせの原理 —— 11
- 可算な点集合 —— 69
- 可算無限集合 —— 93
- 可測階段関数 —— 183
- 可測集合 —— 174, 182
- 可測分割 —— 183
- 加法法則(確率の) —— 192
- カラテオドリ, コンスタンティン —— 187
- 環 —— 105
- 関数概念(ディリクレの) —— 35
- カントール, ゲオルク・フェルディナント・ルトヴィッヒ・フィリップ —— 3, 48, 61
- カントールの定理 —— 100
- 外延性の原理 —— 80
- 外測度 —— 181
- 外点 —— 134, 137
- 外部 —— 138
- ガウス, カルル・フリードリヒ —— 42, 104, 203
- 合併 —— 82
- 期待値 —— 195
- 境界 —— 138
- 境界条件 —— 10
- 境界点 —— 134, 136
- 共通部分 —— 82
- 極限値 —— 52
- 虚数単位 —— 77
- 距離 —— 120
- 距離関数 —— 121
- 逆元 —— 209
- 逆写像 —— 91
- 逆像 —— 87
- 空集合 —— 82
- 区間縮小法の原理 —— 62, 66
- 区分的になめらか —— 34
- 区分的に連続 —— 34
- クラトフスキ, カジミエルス —— 219
- クロネッカー, レオポールト —— 61, 112
- クンマー, エルンスト・エドゥアルト —— 61, 105
- グラフ(写像の) —— 88
- グラフ(図形) —— 218
- 群 —— 209-216
- 結合律 —— 209
- 原始関数 —— 23
- 構造 —— 209
- 構造主義 —— 216-217
- 恒等写像 —— 95
- 項別積分 —— 21
- コーシー, オーギュスタン・ルイ —— 24
- 弧状連結 —— 163
- 孤立点 —— 56, 140
- コルモゴロフ, アンドレイ・ニコラエヴィチ —— 190
- コンパクト集合 —— 179
- 合成写像 —— 95

サ行
- サクス, スタニスラフ —— 187
- 差集合 —— 83
- サッケーリ, ジョヴァンニ —— 202
- 三角関数 —— 27
- 三角級数の一意性 —— 37
- 始域 —— 86
- 試行 —— 191
- 指数関数 —— 26
- 始点 —— 162
- 写像 —— 86
- 終域 —— 86
- 集合 —— 77
- 集合族 —— 85
- 集積点 —— 54, 139
- 収束 —— 52, 123
- 終点 —— 162
- 初期条件 —— 10
- 初等関数 —— 27
- 次元の不変性定理 —— 168
- 事象 —— 191
- 実数直線 —— 114
- 順序対 —— 83
- 上界 —— 57
- 上限 —— 59
- ジョルダン容量ゼロ —— 46
- スピノザ, ベネディクトゥス —— 197
- 整式 —— 26
- 切断の原理 —— 62, 63, 108
- 切断(実数の) —— 63
- 切断(有理数の) —— 109
- 選択公理 —— 96
- 全射 —— 90
- 全単射 —— 91
- 添字つき集合族 —— 85
- 測度 —— 172, 174, 179, 182, 190
- 測度空間 —— 189
- ソシュール, フェルディナン・ド —— 217
- 像 —— 87

タ行
- ターゲット —— 86
- 対数関数 —— 26
- 対等(集合が) —— 92
- 高さ(方程式の) —— 72
- 単位元 —— 209
- 単項イデアル —— 107
- 単射 —— 91
- 代数式 —— 26
- 代数的な実数 —— 71
- ダルブー, ガストン —— 40
- 超越関数 —— 26
- 超越的な実数 —— 71
- 直積 —— 84
- ツェルメロ, エルンスト —— 3, 96

次の濃度	101
定義域	86
テイラー展開	27
テイラーの定理	27
点集合	49
ディリクレ, ルジューヌ	31
ディリクレの不連続関数	187-188
デデキント, ユリウス・ヴィルヘルム・リヒャルト	62, 104-114
デュボアレイモン, パウル	46
特徴関数	103, 183
トポロジー	170
トポロジストのサイン・カーブ	164
トレミー	201
導関数	23
導集合	60, 139
同相	150
独立命題	103

ナ 行

内測度	181
内点	134
内部	50, 138
内包性の原理	79
ニュートン, アイザック	26, 29, 197
ネーター, エミー	114
熱伝導方程式	9
濃度	92

ハ 行

ハイネ, ハインリヒ・エドゥアールト	61, 175
ハイネ-ボレルの定理	175, 178
排反(事象が)	192
ハウスドルフ, フェリクス	219
離れている(点集合が)	157
*半開区間	49
ハンケル, ヘルマン	43
パスカル, ブレーズ	190
パンルヴェ, ポール	171
左組	63
左成分	83
左半開区間	49
被覆	177
ヒルベルト, ダフィート	114
微分(する)	23

フーリエ, ジャン・バティスト・ジョゼフ	8, 30
フーリエ級数	13, 21
フェルマー, ピエール・ド	31, 105, 190
含まれる(集合が集合に)	80
フルヴィッツ, アドルフ	61
フレシェ, モーリス	219
不連結(集合が)	158
部分集合	80
部分集合族	177
部分被覆	178
ブラウワー, ルイツェン・エクベルトゥス・ヤン	168
分数式	26
プトレマイオス	201
ブルバキ	207
平均値の定理	27
平均値(確率変数の)	195
閉区間	31, 49
閉集合	145
閉包	141
偏微分方程式	9
偏微分(する)	10
ベイズ, トーマス	190
ベール, ルネ	171
冪集合	84
ペアノ, ジュゼッペ	78
ボヤイ, ヤーノシュ	203
ボレル, フェリクス・エドゥアール・ジュスタン・エミル	171
ボレル集合	175
ポアソン, シメオン	190
ポセイドニウス	201

マ 行

交わり	82
右組	63
右成分	83
右半開区間	49
道	162
無理式	26
メンデルスゾーン, フェリクス	31

ヤ 行

ヤコブソン, ローマン	217
有界(関数が)	40
有界(点集合が)	59

ユークリッド	197
要素	77

ラ 行

ライプニッツ, ゴットフリート・フォン	26, 29
ラグランジュ, ジョゼフ=ルイ	8, 29
ラプラス, ピエール=シモン	172, 190
リーマン, ゲオルク・フリードヒ・ベルンハルト	36, 42, 204
リーマンの幾何学	204-205
リーマン積分の定義	38-41
リーマン多様体	205
リーマンの局所性定理	37
リーマン-ルベーグの定理	37
リウーヴィル, ジョゼフ	71
リンデマン, フェルディナント	71
ルベーグ, アンリ・レオン	171, 179, 186
ルベーグ可測関数	185
ルベーグ可測集合	182
ルベーグ積分	183-190
ルベーグ測度	183
ルベーグの収束定理	188
レヴィ=ストロース, クロード	217
連結(点集合が)	158
連続性	127
連続性(関数の)	32
連続性(実数の)	61-68
連続体仮説	103
連続体濃度	103
連続体問題	103
連続の原理	62
ロバチェフスキー, ニコライ・イワノヴィッチ	203

ワ 行

ワイエルシュトラス, カルル	61, 62, 171
ワイエルシュトラスの定理 (単調増加数列にかんする)	62, 176
ワイルズ, アンドリュー	105
和集合	82

┃著者紹介┃

藤田博司（ふじた ひろし）

1964年京都生まれ．立命館大学理工学部卒．名古屋大学大学院理学研究科中退．博士（学術）．現在，愛媛大学大学院理工学研究科特任講師．専門は数学基礎論，とくに集合論．著書に『魅了する無限』（技術評論社，2009年），訳書に『集合論－独立性証明への案内』（ケネス・キューネン著，日本評論社，2008年），『キューネン数学基礎論講義』（ケネス・キューネン著，日本評論社，2016年）がある．

- ブックデザイン ──── 加藤愛子（オフィスキントン）
- 本文デザイン・DTP ── BUCH⁺

本書へのご意見，ご感想は，技術評論社ホームページ（http://gihyo.jp/）または以下の宛先へ，書面にてお受けしております．電話でのお問い合わせにはお答えいたしかねますので，あらかじめご了承ください．

〒162-0846 東京都新宿区市谷左内町21-13
株式会社技術評論社　書籍編集部
『「集合と位相」をなぜ学ぶのか』係
FAX：03-3267-2271

「集合と位相」をなぜ学ぶのか
── 数学の基礎として根づくまでの歴史

2018年3月19日　初版　第1刷発行
2025年4月26日　初版　第7刷発行

著　者　藤田博司
発行者　片岡巌
発行所　株式会社技術評論社
　　　　東京都新宿区市谷左内町21-13
　　　　電話　03-3513-6150　販売促進部
　　　　　　　03-3267-2270　書籍編集部
印刷／製本　昭和情報プロセス株式会社

©2018　藤田博司

定価はカバーに表示してあります．
本の一部または全部を著作権の定める範囲を超え，無断で複写，複製，転載，テープ化，あるいはファイルに落とすことを禁じます．
造本には細心の注意を払っておりますが，万一，乱丁（ページの乱れ）や落丁（ページの抜け）がございましたら，小社販売促進部までお送りください．送料小社負担にてお取り替えいたします．

ISBN978-4-7741-9612-1 C3041　　Printed in Japan